3-bande carambole: Hjørne til hjørne diagonale mønstre

Fra professionelle mesterskabsturneringer

Test dig selv mod professionelle spillere

Allan P. Sand
PBIA Certificeret billard instruktør

ISBN 978-1-62505-252-0
PRINT 7x10

ISBN 978-1-62505-395-4
PRINT 8.5x11

First edition

Copyright © 2019 Allan P. Sand

All rights reserved under International and Pan-American Copyright Conventions.

Published by Billiard Gods Productions.
Santa Clara, CA 95051
U.S.A.

For the latest information about books and videos, go to: http://www.billiardgods.com

Acknowledgements

Wei Chao created the software that was used to create these graphics.

Indholdsfortegnelse

Introduktion **1**
Om bordlayouterne 1
Indstillinger for tabelopsætning 2
Formål med layouterne 2
A: Enkel diagonaler **3**
A: Gruppe 1 3
A: Gruppe 2 8
A: Gruppe 3 13
A: Gruppe 4 18
A: Gruppe 5 23
A: Gruppe 6 28
B: Enkel modificeret diagonaler **33**
B: Gruppe 1 33
B: Gruppe 2 38
B: Gruppe 3 43
C: Parallelle diagonaler **48**
C: Gruppe 1 48
C: Gruppe 2 53
C: Gruppe 3 58
C: Gruppe 4 63
C: Gruppe 5 68
D: Dobbelt diagonaler **73**
D: Gruppe 1 73
D: Gruppe 2 78
D: Gruppe 3 83
D: Gruppe 4 88
D: Gruppe 5 93
D: Gruppe 6 98
D: Gruppe 7 103
E: Dobbelt modificerede diagonaler **108**
E: Gruppe 1 108
E: Gruppe 2 113
E: Gruppe 3 118
E: Gruppe 4 123
E: Gruppe 5 128
E: Gruppe 6 133
F: Tredobbelt diagonaler **138**
F: Gruppe 1 138
F: Gruppe 2 143
F: Gruppe 3 148

Other books by the author ...

- 3 Cushion Billiards Championship Shots (a series)
- Carom Billiards: Some Riddles & Puzzles
- Carom Billiards: MORE Riddles & Puzzles
- Why Pool Hustlers Win
- Table Map Library
- Safety Toolbox
- Cue Ball Control Cheat Sheets
- Advanced Cue Ball Control Self-Testing Program
- Drills & Exercises for Pool & Pocket Billiards
- The Art of War versus The Art of Pool
- The Psychology of Losing – Tricks, Traps & Sharks
- The Art of Team Coaching
- The Art of Personal Competition
- The Art of Politics & Campaigning
- The Art of Marketing & Promotion
- Kitchen God's Guide for Single Guys

Introduktion

Dette er en af en række 3-bande carambola bøger, der viser, hvordan professionelle spillere træffer beslutninger, baseret på bordlayoutet. Alle disse layouts er fra internationale konkurrencer.

Disse layouts sætter dig inde i afspillerens hoved, begyndende med boldens positioner (vist i den første tabel). Den anden tabel layout viser, hvad spilleren besluttede at gøre.

Om bordlayouterne

Hver konfiguration har to tabellayouter. Den første tabel er boldpositionerne. Den anden tabel er, hvordan boldene bevæger sig på bordet.

Dette er de tre bolde på bordet:

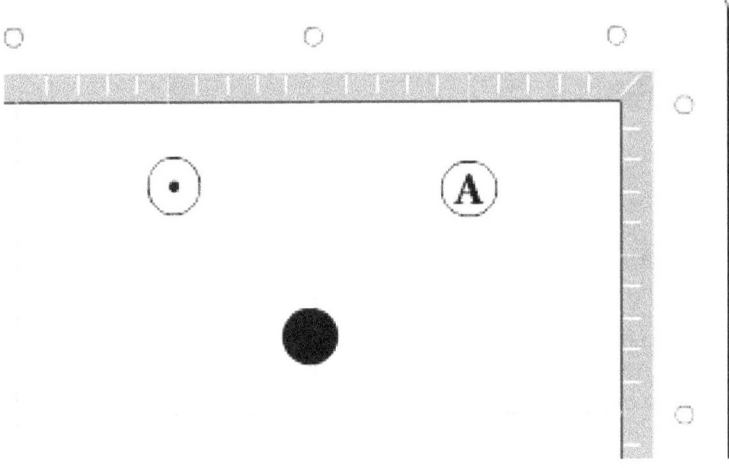

Ⓐ (CB) (din billardkugle)

⊙ (OB) (modstander billardkugle)

● (OB) (rød billardkugle)

Indstillinger for tabelopsætning

Brug papirbindingsringe til at markere boldpositionerne (køb hos enhver kontorforretning).

Placer en mønt på hver bande, at (CB) vil røre ved.

Sammenlign din (CB) -sti med den anden tabelkonfiguration. For at lære, kan du have brug for flere forsøg. Efter hvert svigt skal du foretage justering og prøve igen, indtil du har succes.

Formål med layouterne

Disse layouter leveres til to formal:

- Din analyse - I hjemmet kan du overveje, hvordan du spiller konfigurationen på den første tabel. Sammenlign dine ideer til det faktiske mønster på den anden bord. Tænk på din løsning, og overvej muligheder. Fra den anden tabel kan du også analysere, hvordan man følger mønsteret. Mentalt spiller skuddet og bestemmer, hvordan du kan lykkes.

- Øv bordkonfigurationen - Placer bolderne på plads i henhold til den første tabelkonfiguration. Prøv at skyde på samme måde som det andet bordmønster. Du kan have brug for mange forsøg, før du finder den rigtige måde at spille på. Sådan kan du lære og spille disse skud under konkurrencer og turneringer.

Kombinationen af mental analyse og praktisk praksis vil gøre dig til en smartere spiller.

A: Enkel diagonaler

Disse er et sæt kuglemønstre, der bevæger sig fra det ene hjørne mod det modsatte hjørne. Den (CB) rejser over bordet fra et hjørne til det modsatte hjørne.

(A) (CB) (din billardkugle) – (•) (OB) (modstander billardkugle) – ● (OB) (rød billardkugle)

A: Gruppe 1

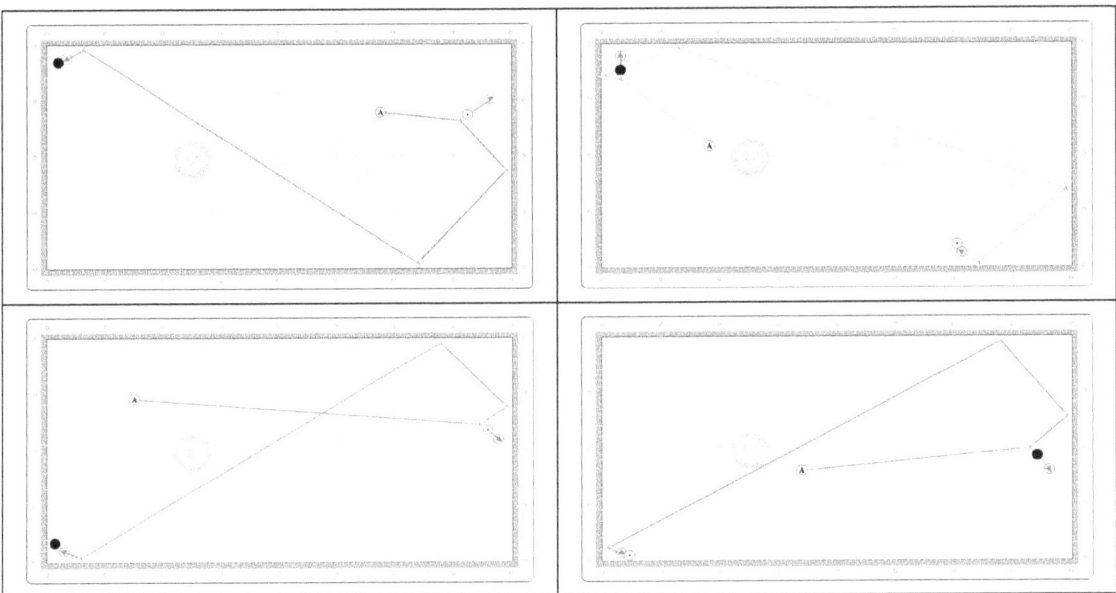

Analyse:

A:1a. _____

A:1b. _____

A:1c. _____

A:1d. _____

A:1a – Setup

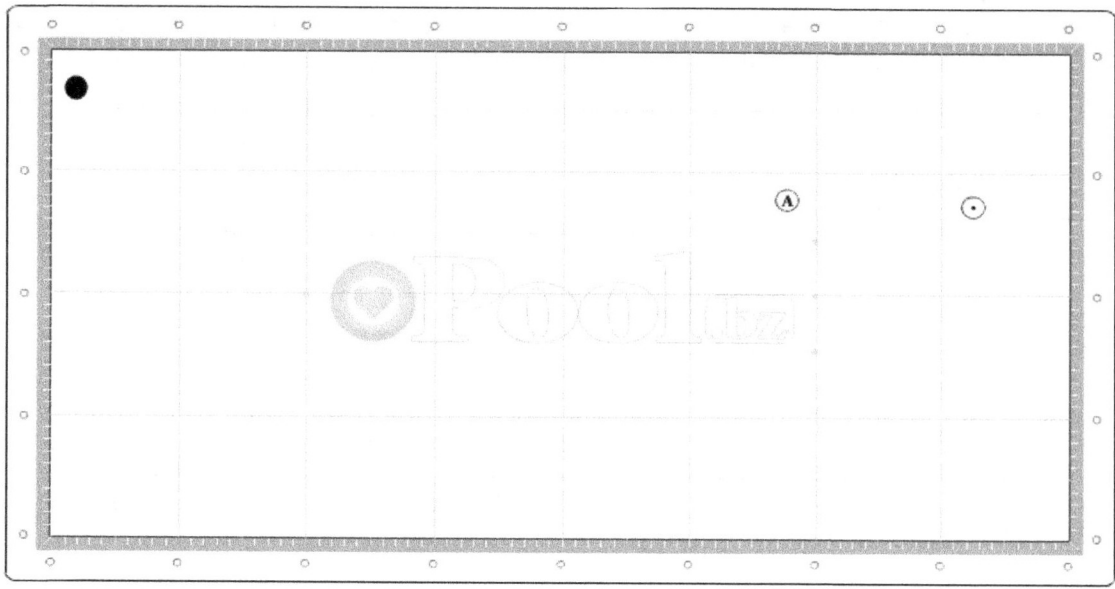

Noter og ideer:

Afspilning mønster

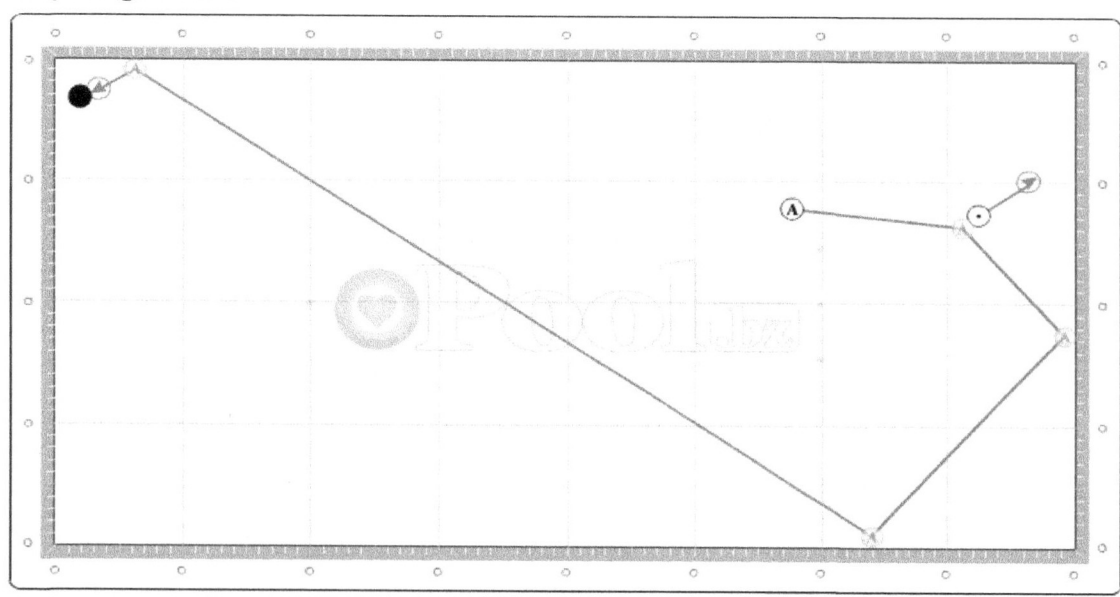

A:1b – Setup

Noter og ideer:

Afspilning mønster

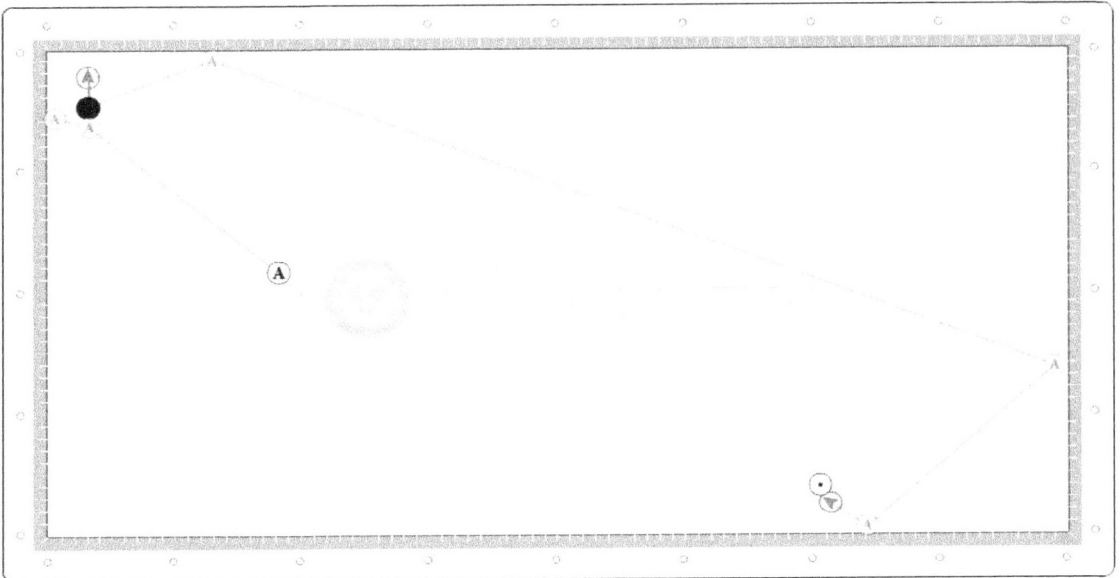

A:1c – Setup

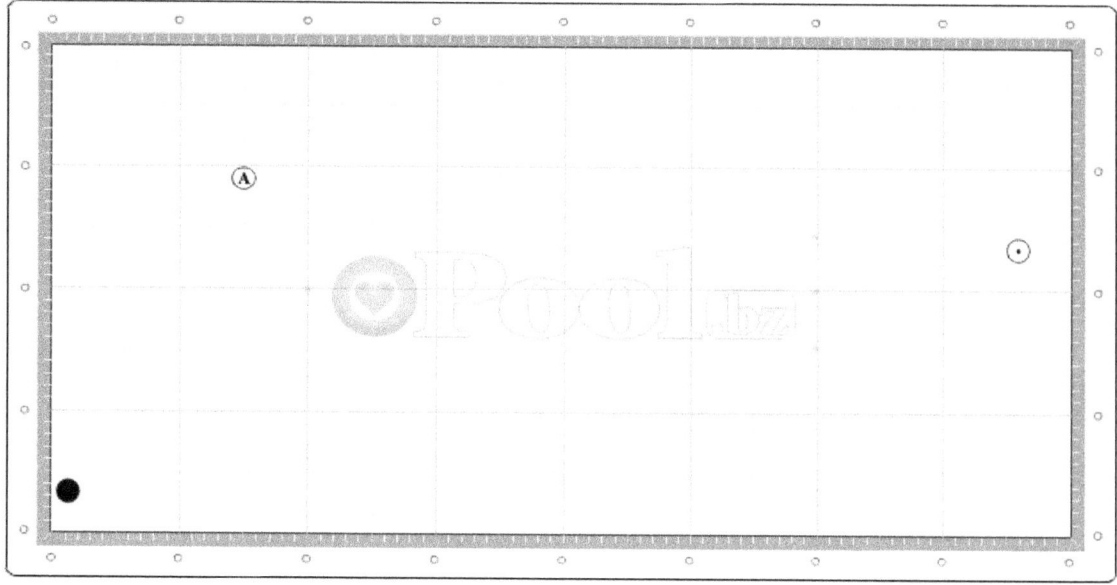

Noter og ideer:

Afspilning mønster

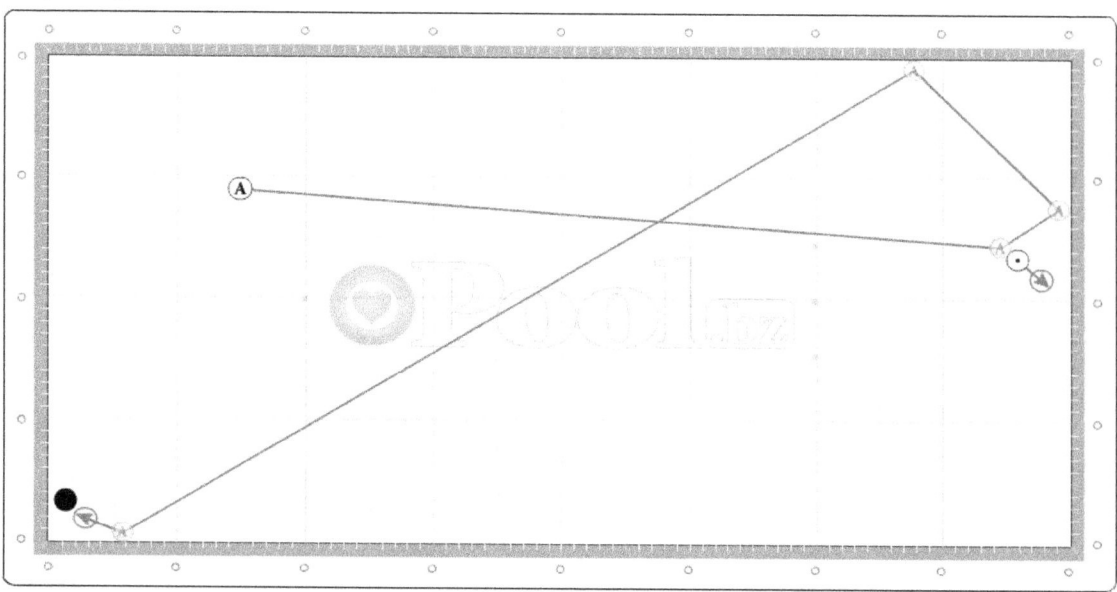

A:1d – Setup

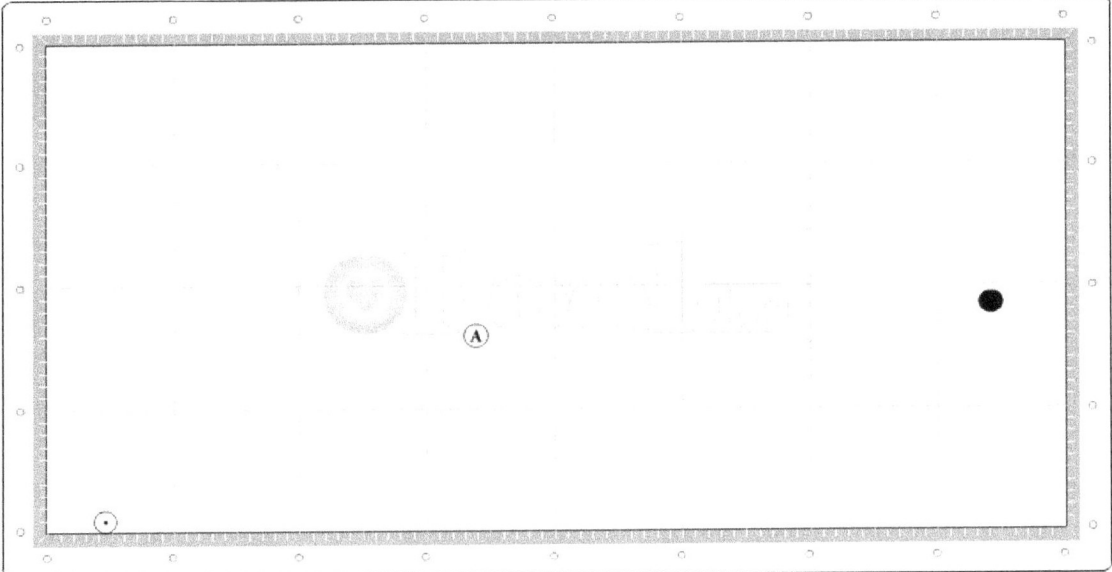

Noter og ideer:

Afspilning mønster

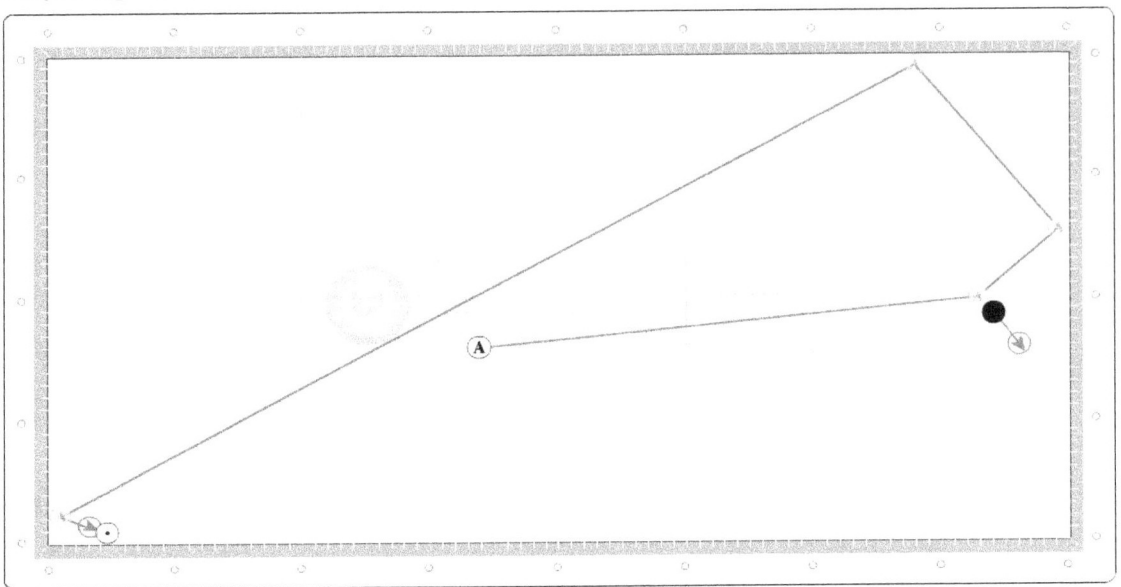

A: Gruppe 2

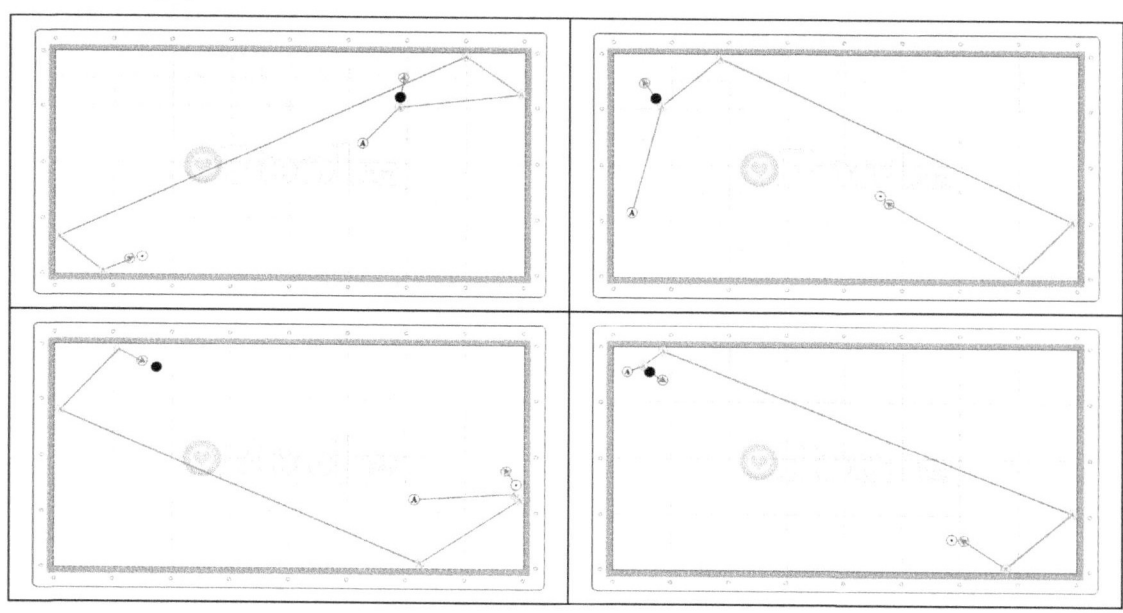

Analyse:

A:2a. _____

A:2b. _____

A:2c. _____

A:2d. _____

A:2a – Setup

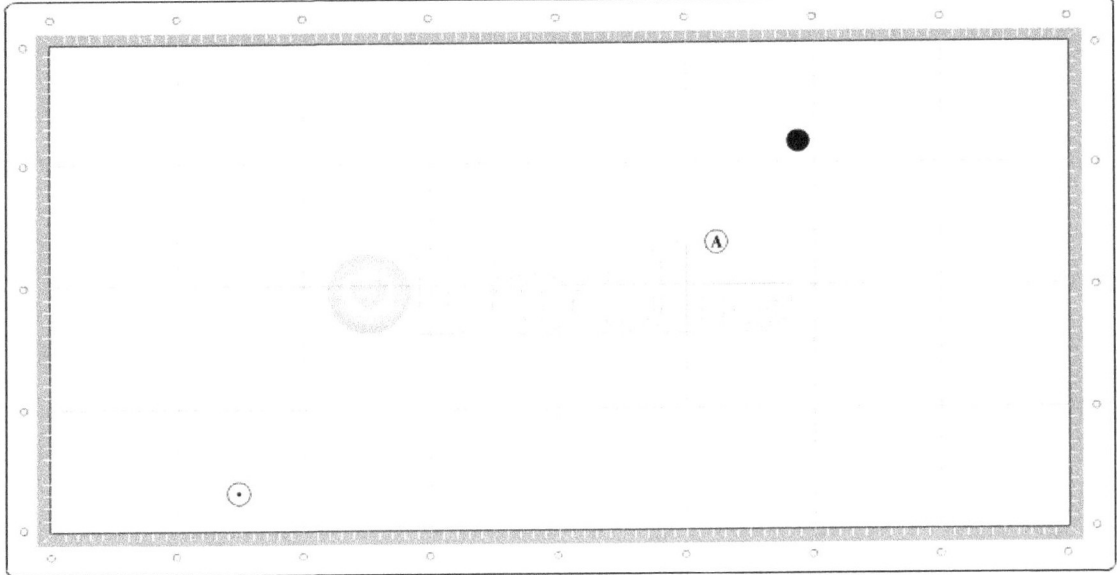

Noter og ideer:

Afspilning mønster

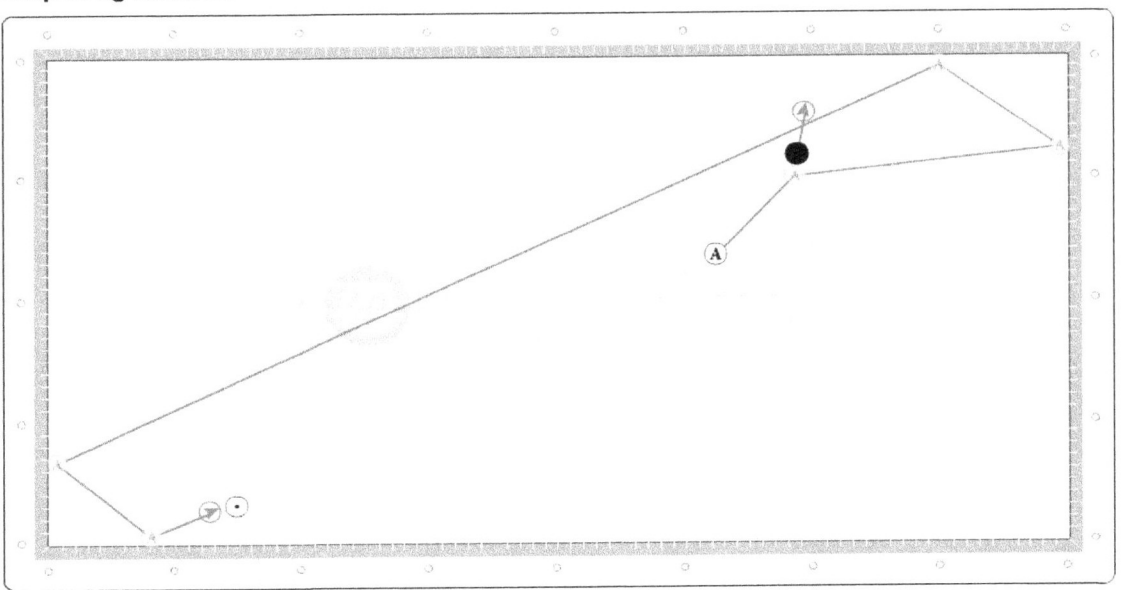

A:2b – Setup

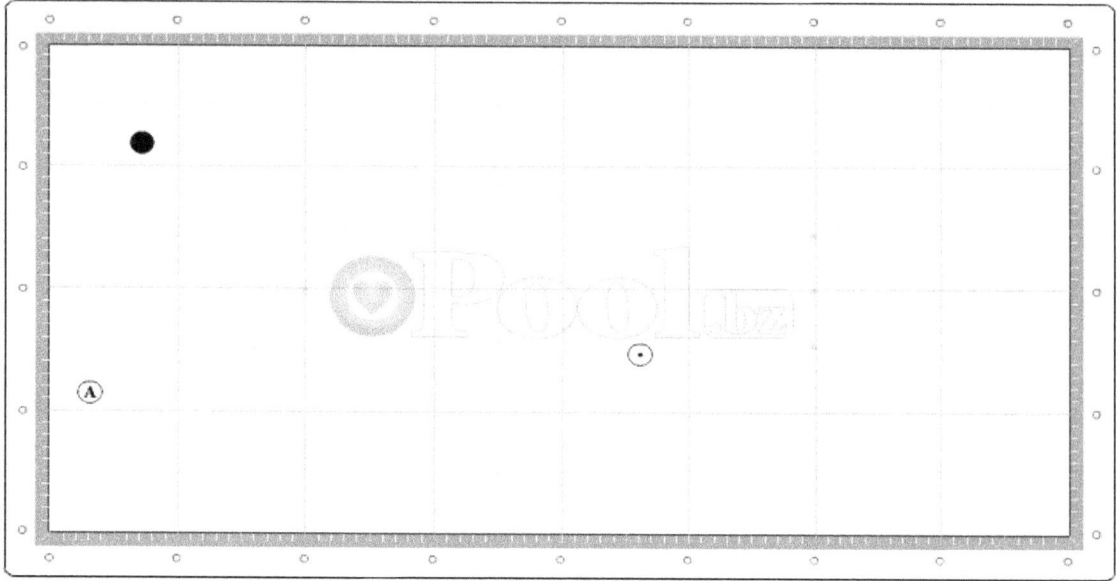

Noter og ideer:

Afspilning mønster

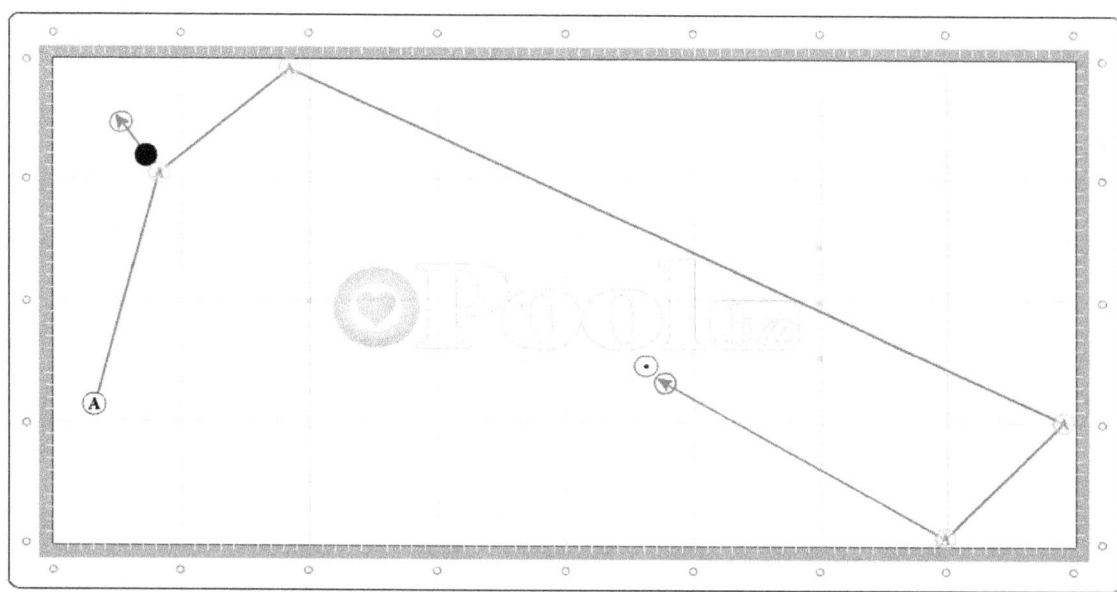

A:2c – Setup

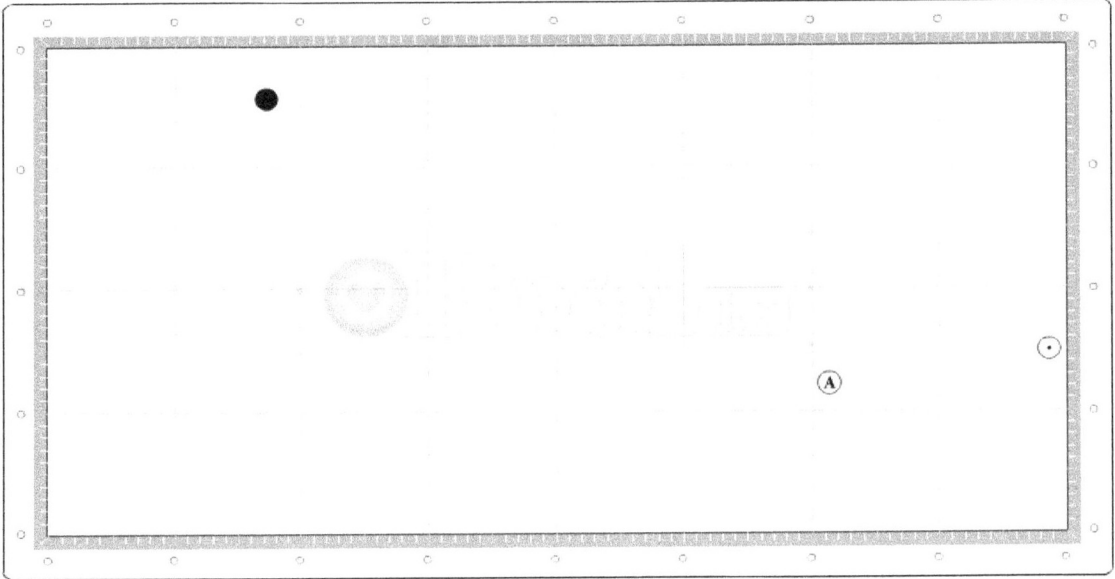

Noter og ideer:

Afspilning mønster

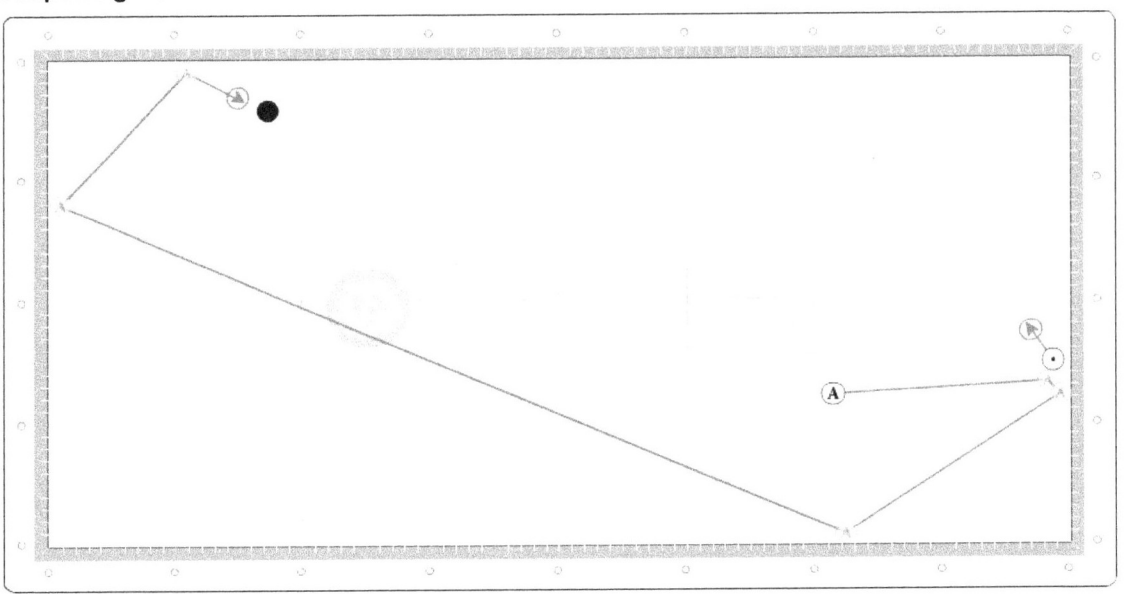

A:2d – Setup

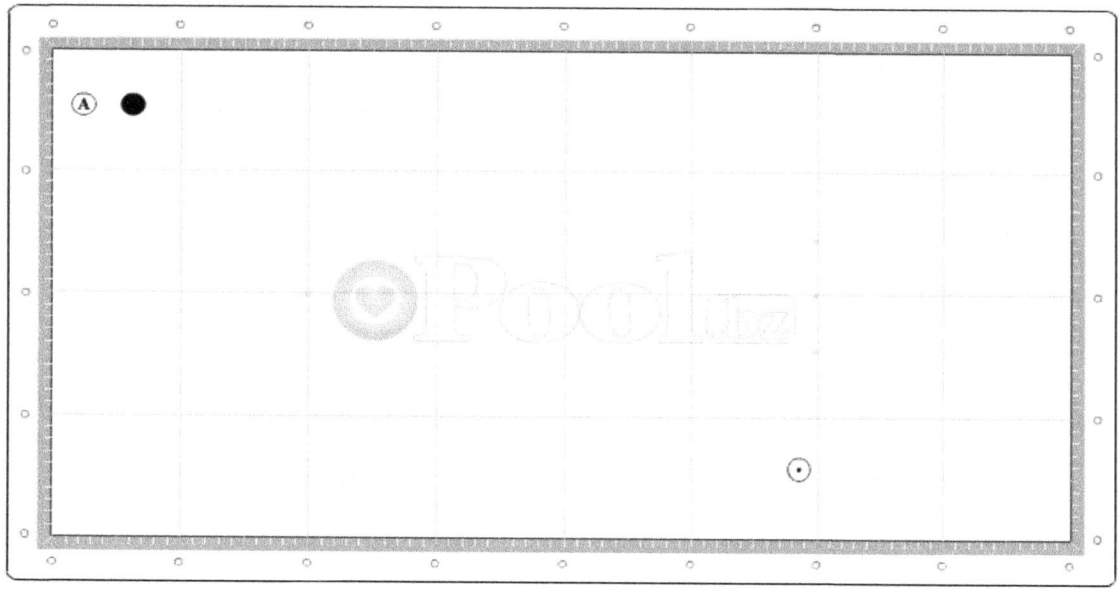

Noter og ideer:

Afspilning mønster

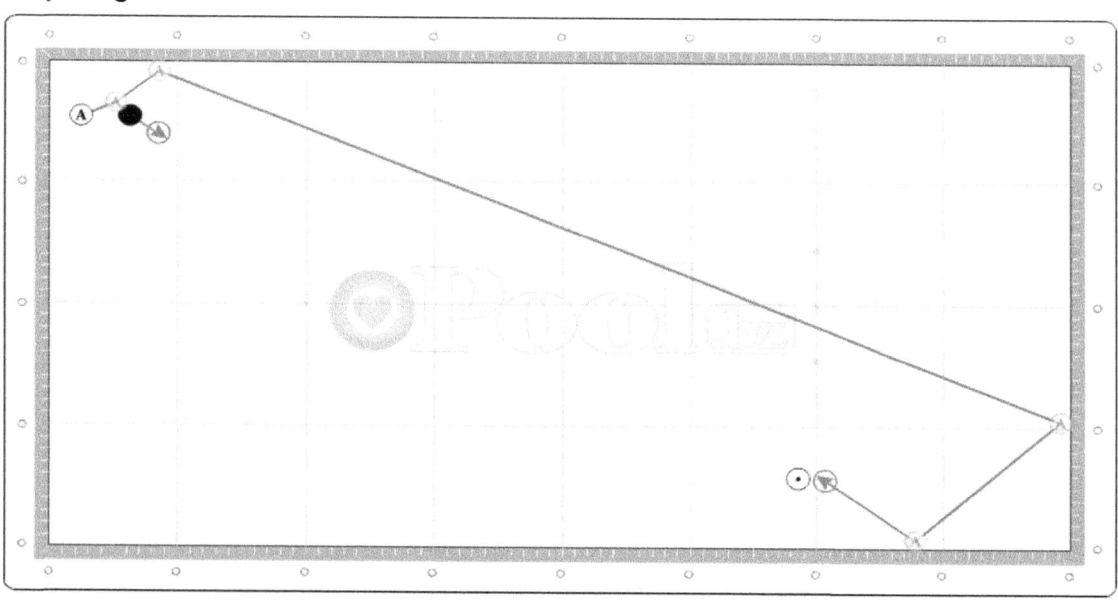

A: Gruppe 3

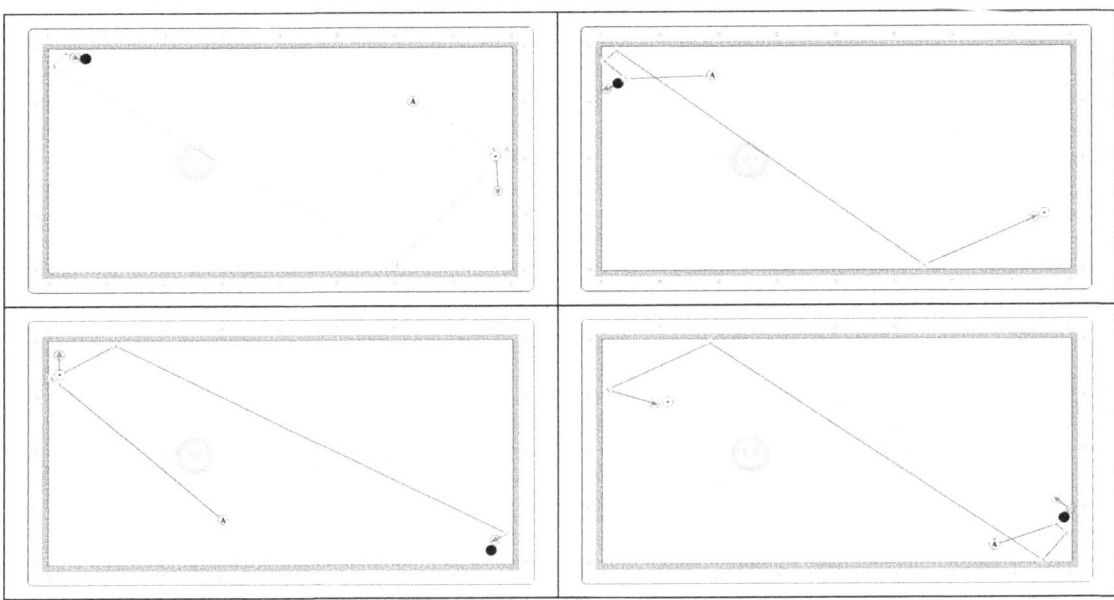

Analyse:

A:3a. _____

A:3b. _____

A:3c. _____

A:3d. _____

3-bande carambole: Hjørne til hjørne diagonale mønstre

A:3a – Setup

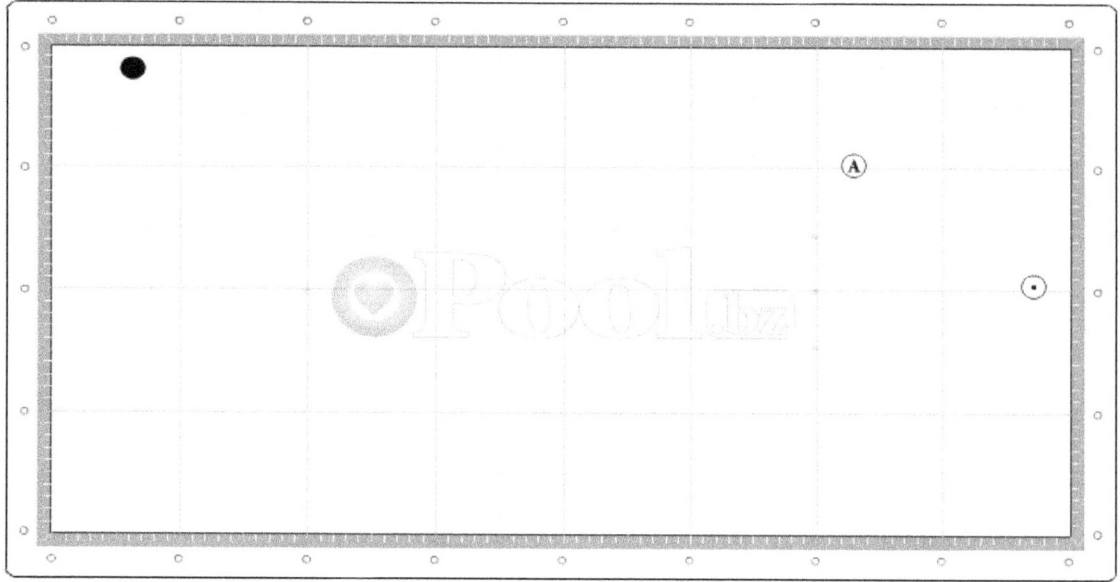

Noter og ideer:

Afspilning mønster

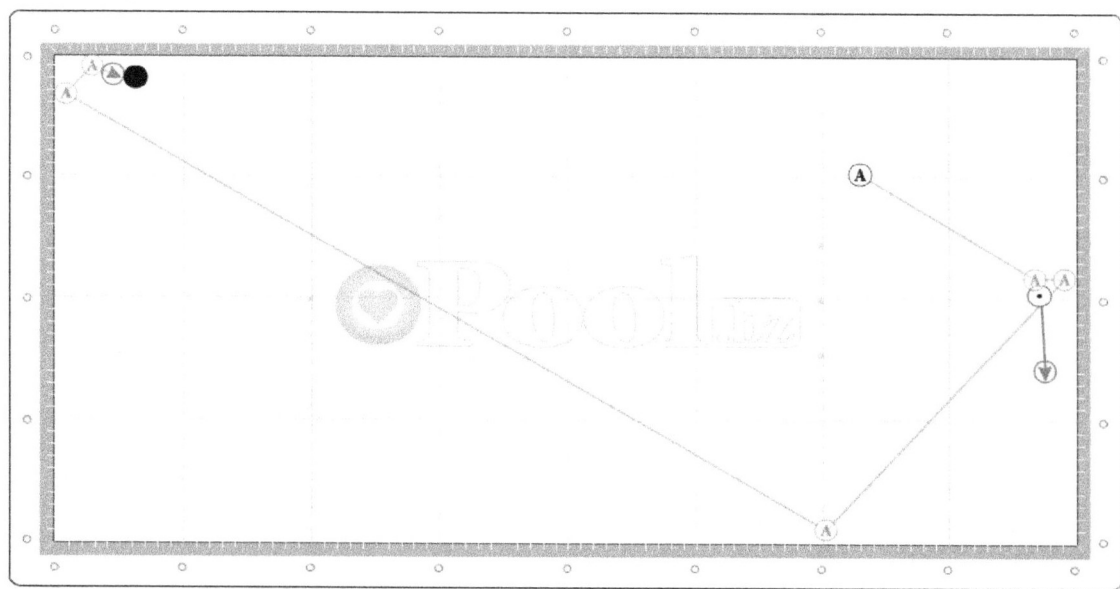

A:3b – Setup

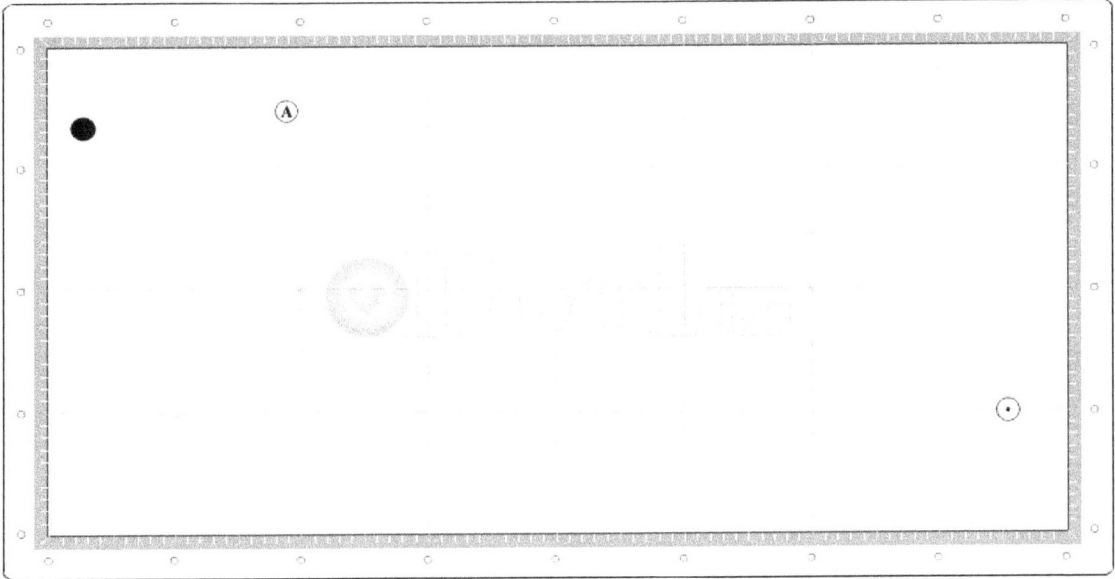

Noter og ideer:

Afspilning mønster

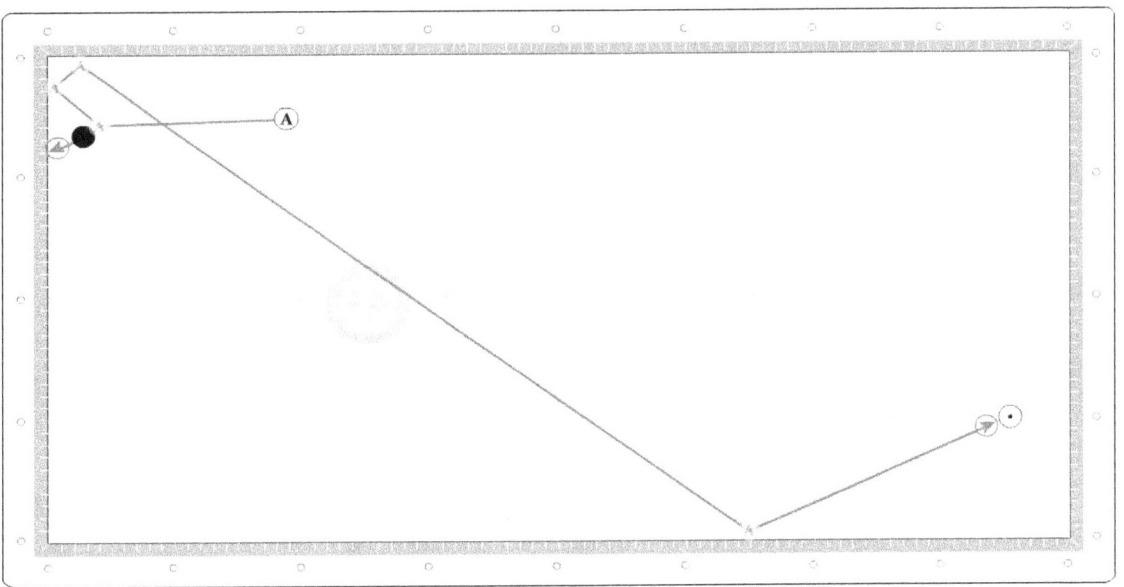

A:3c – Setup

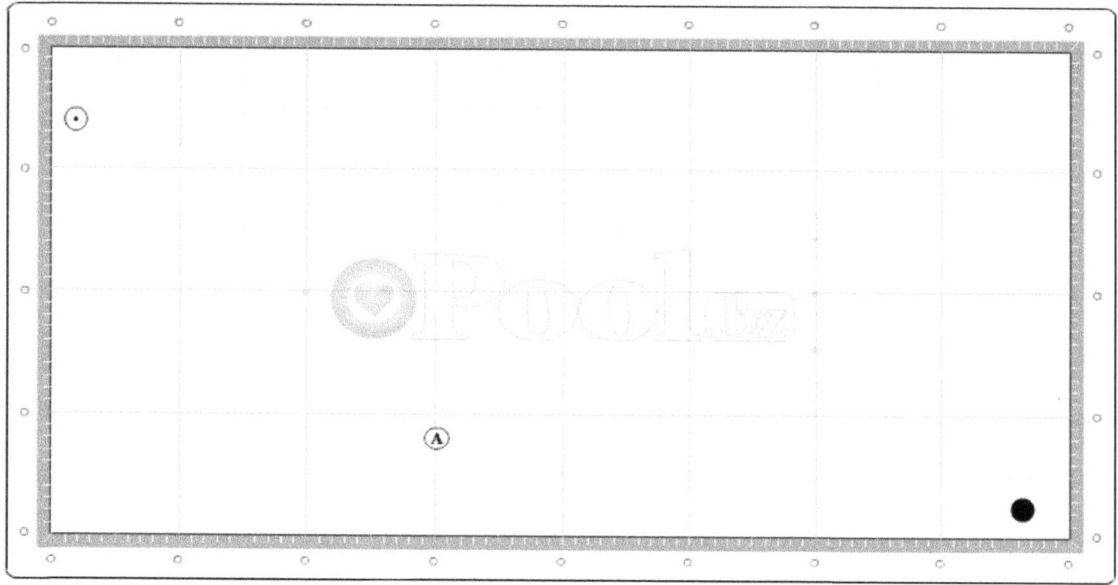

Noter og ideer:

Afspilning mønster

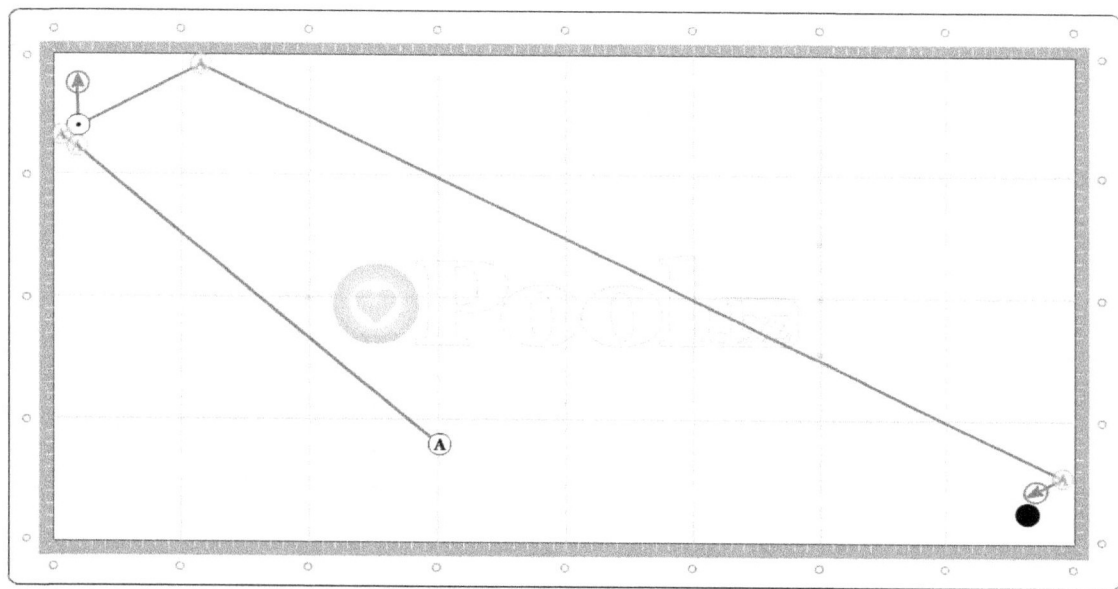

A:3d – Setup

Noter og ideer:

Afspilning mønster

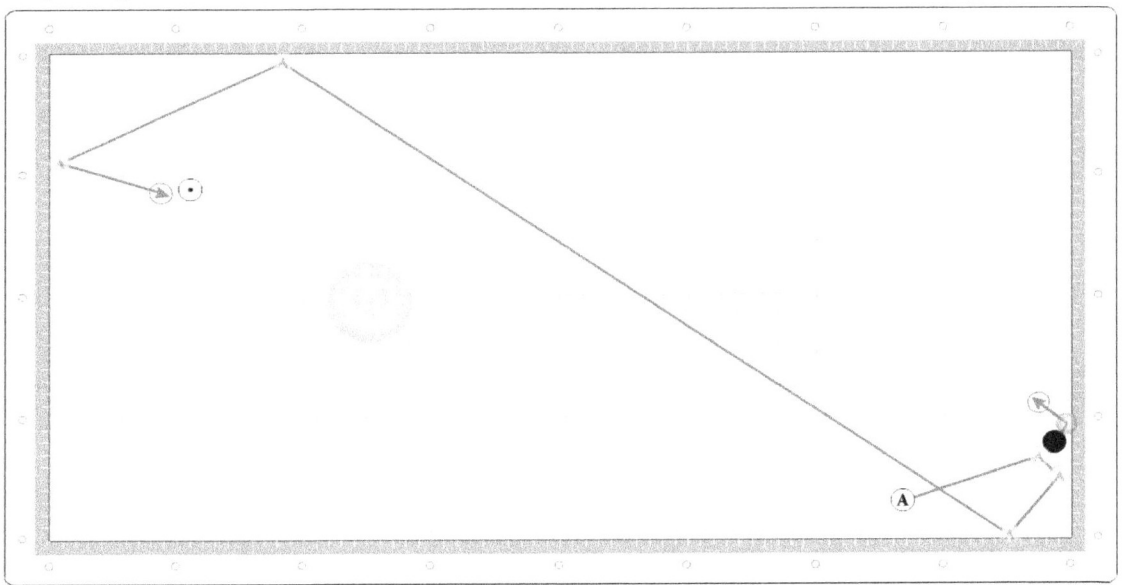

A: Gruppe 4

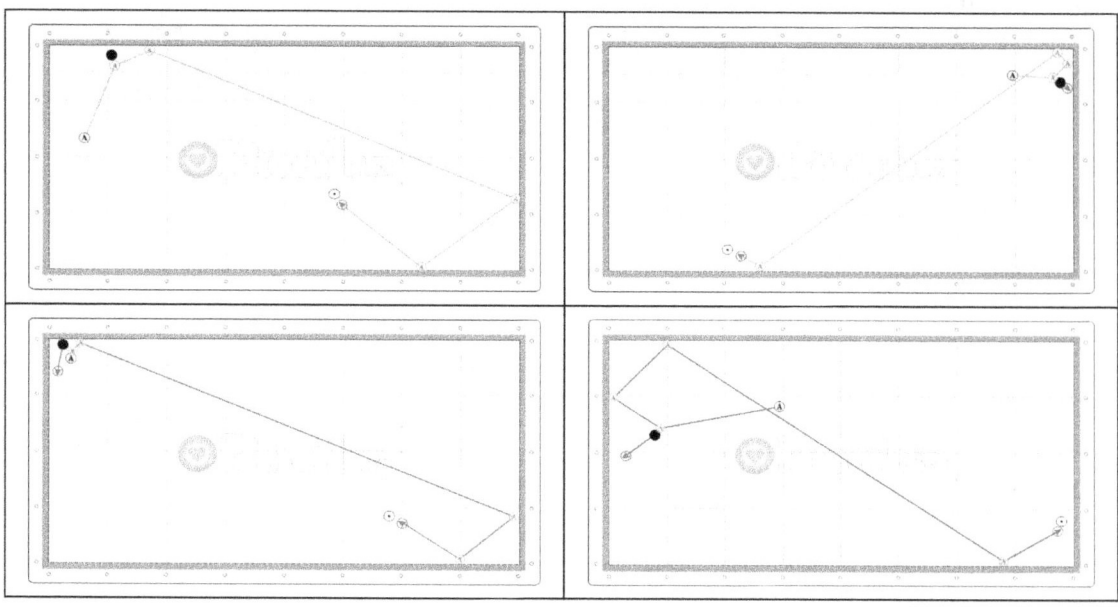

Analyse:

A:4a. _____

A:4b. _____

A:4c. _____

A:4d. _____

A:4a – Setup

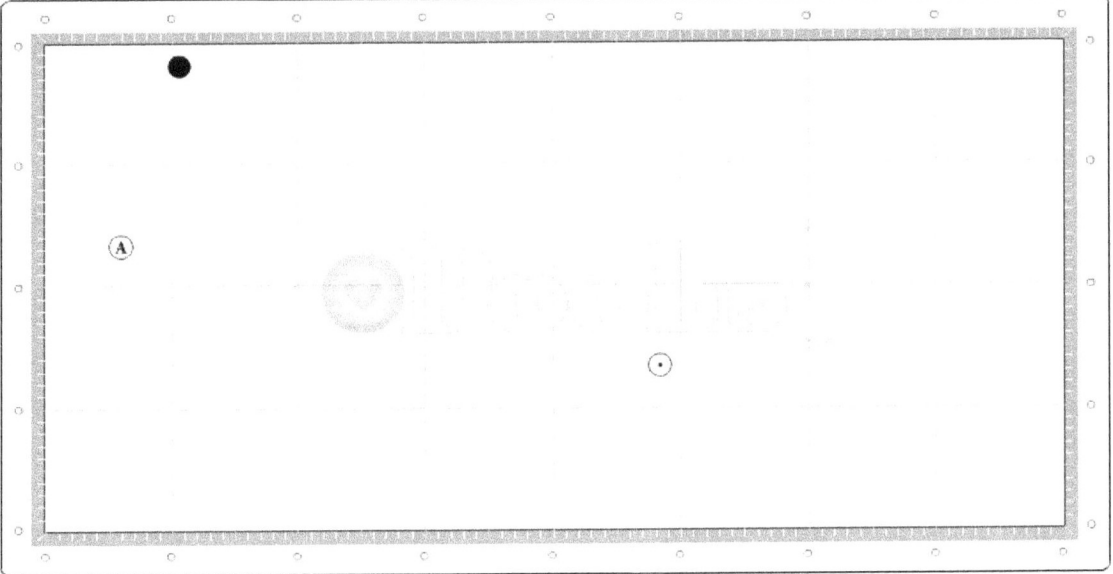

Noter og ideer:

Afspilning mønster

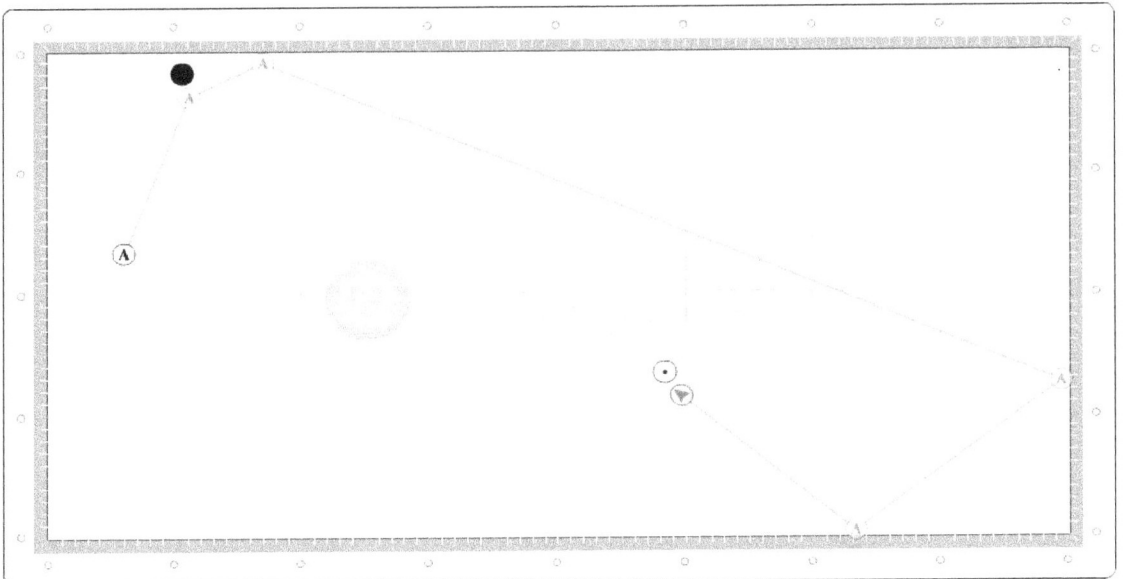

A:4b – Setup

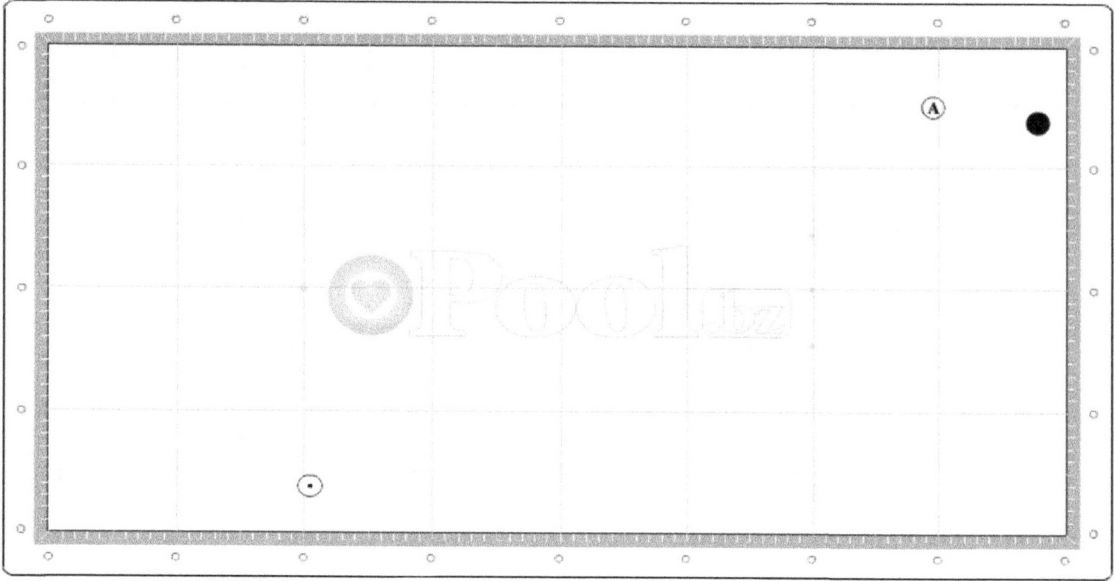

Noter og ideer:

Afspilning mønster

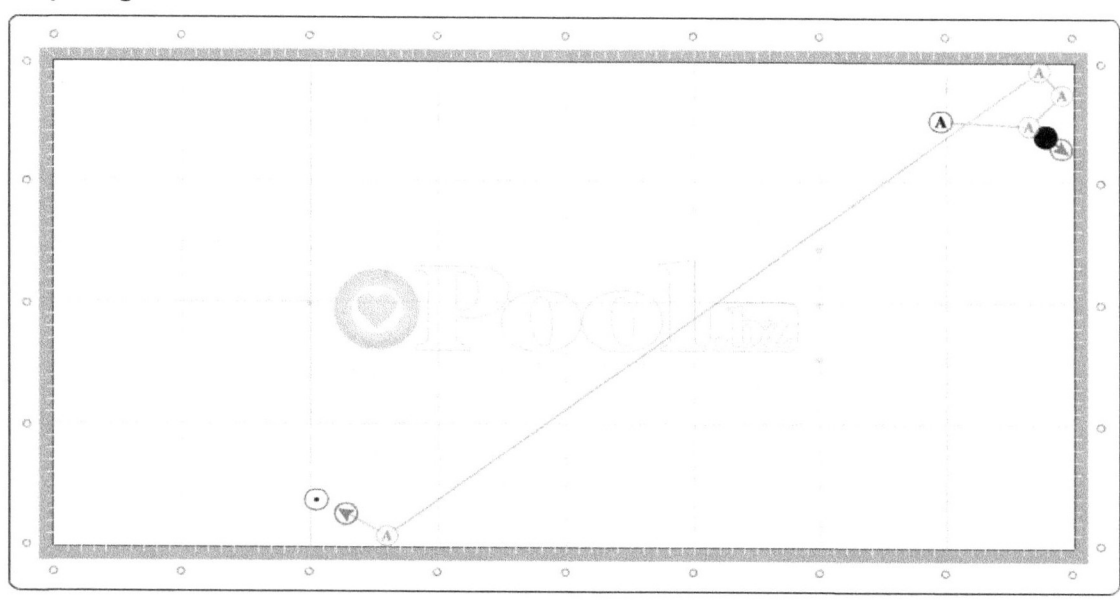

A:4c – Setup

Noter og ideer:

Afspilning mønster

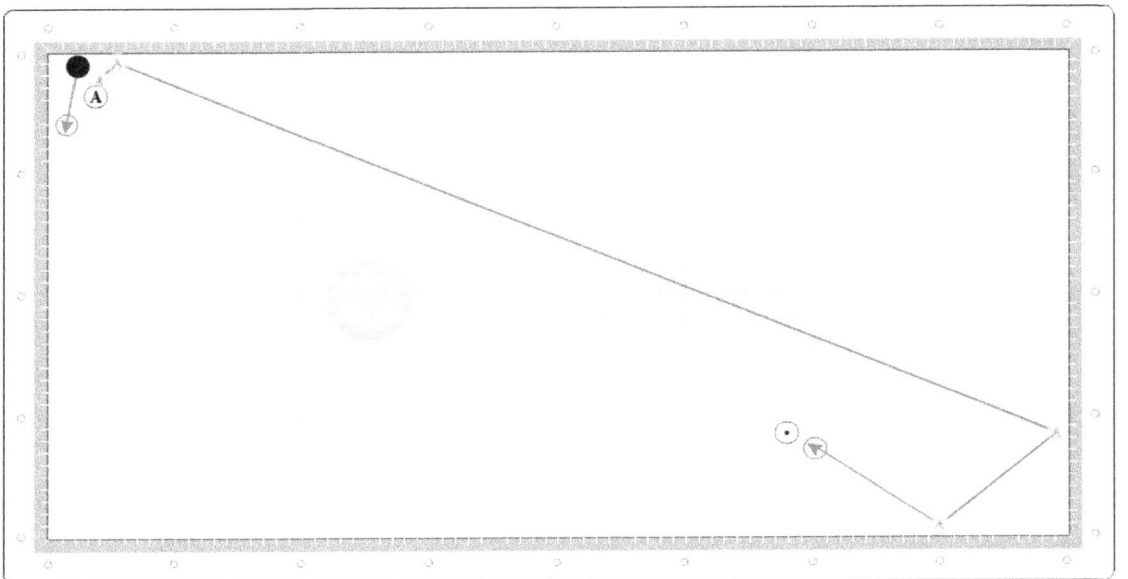

A:4d – Setup

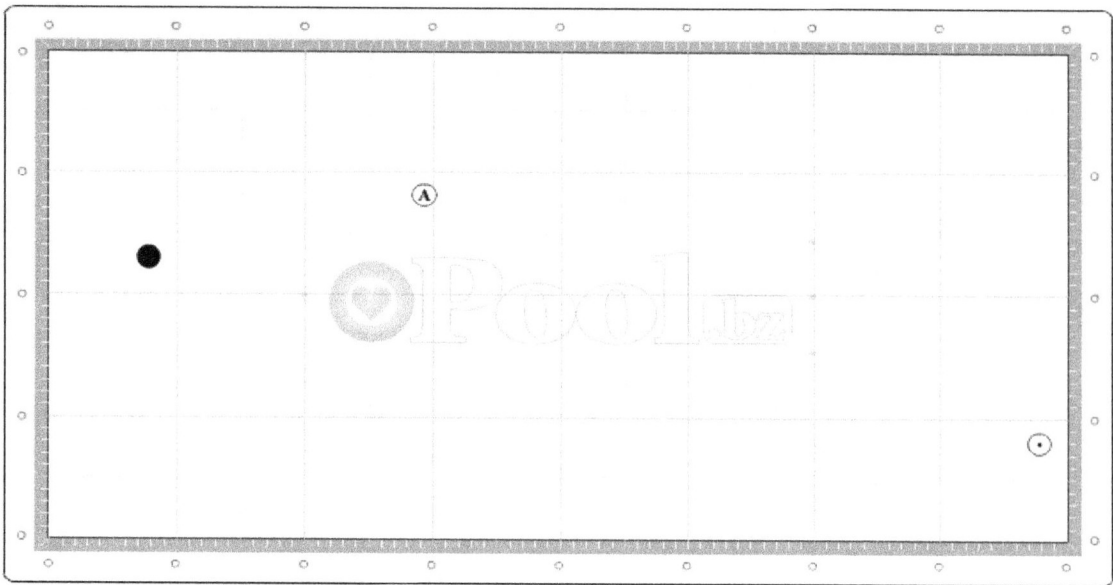

Noter og ideer:

Afspilning mønster

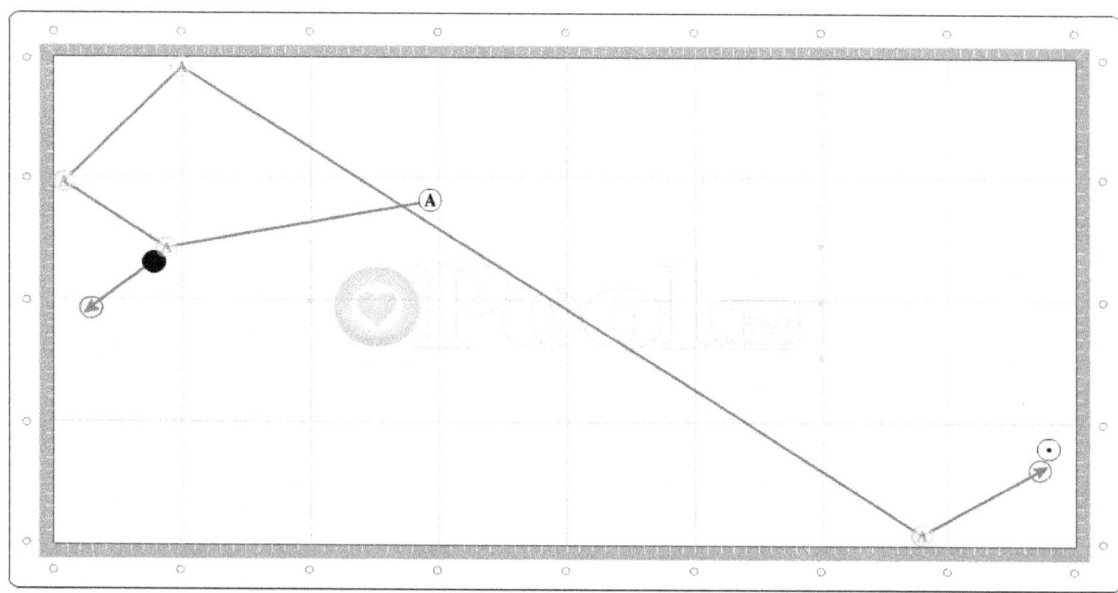

A: Gruppe 5

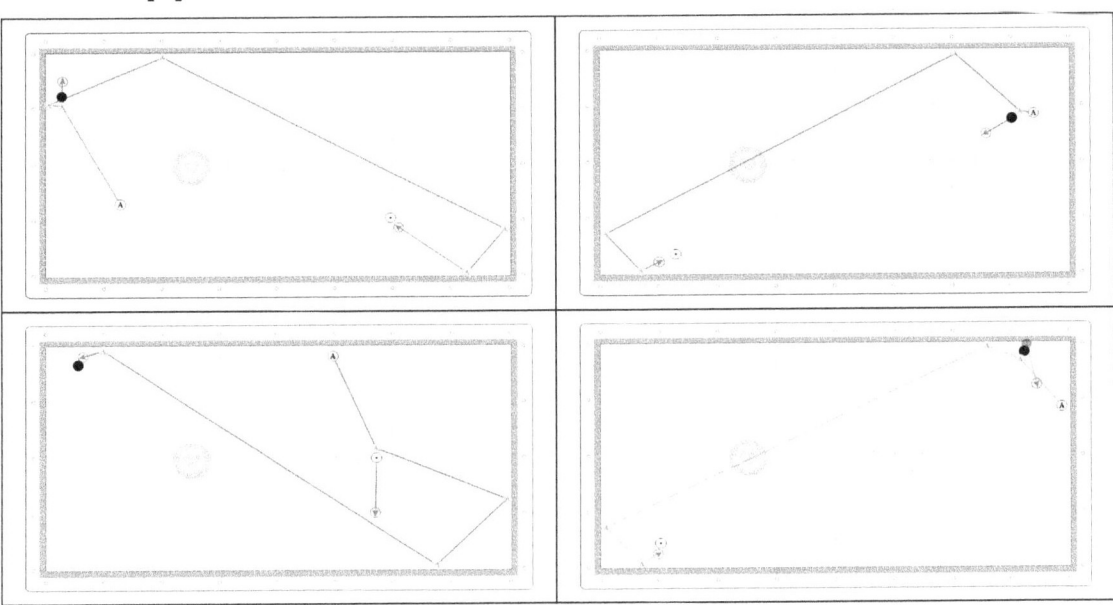

Analyse:

A:5a. _____

A:5b. _____

A:5c. _____

A:5d. _____

A:5a – Setup

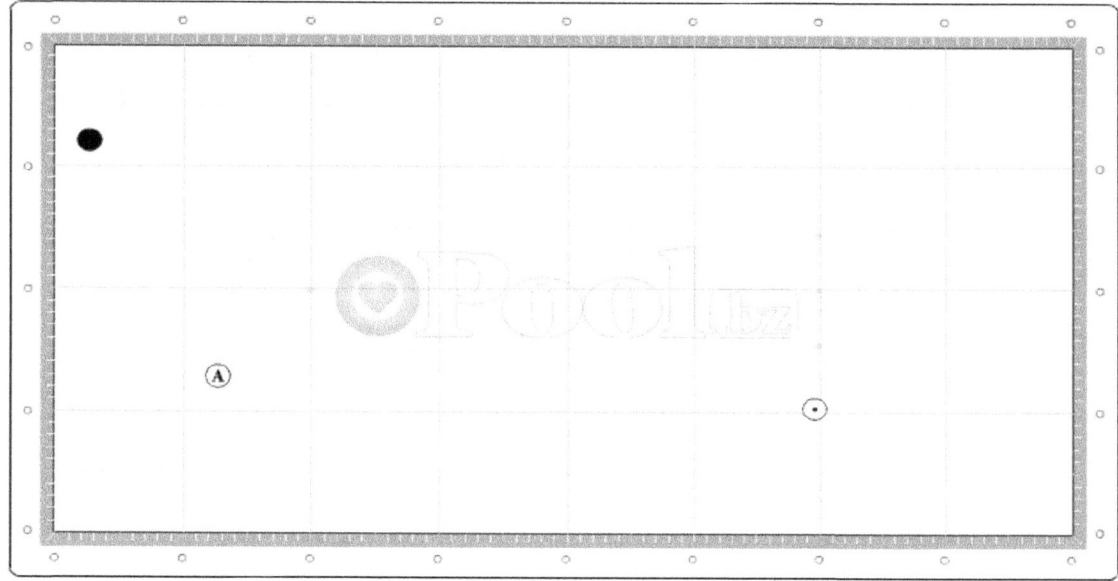

Noter og ideer:

Afspilning mønster

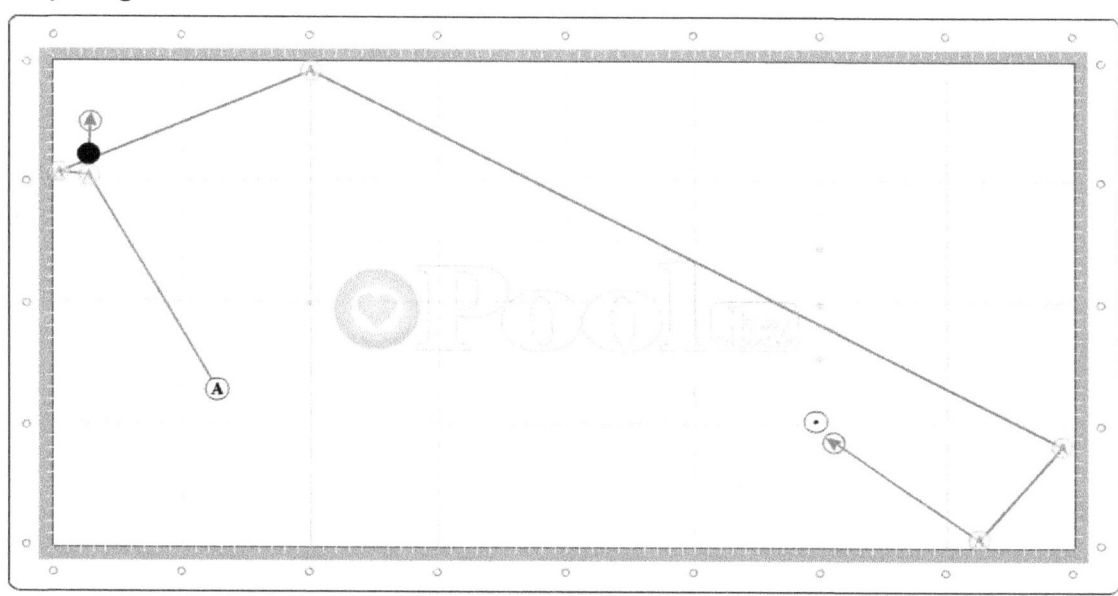

B: Enkel modificeret diagonaler

Disse hjørne til hjørne mønstre er lidt ændret fra det grundlæggende tværgående hjørne mønster. Løsningen kræver en returkrog for at score pointet.

Ⓐ (CB) (din billardkugle) – ⊙ (OB) (modstander billardkugle) – ● (OB) (rød billardkugle)

B: Gruppe 1

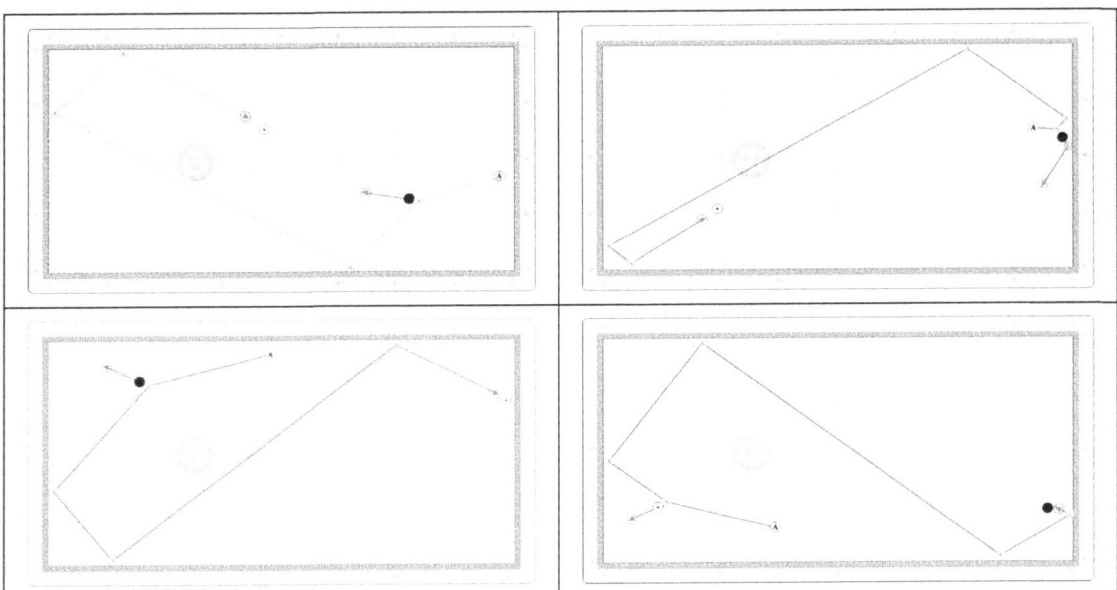

Analyse:

B:1a. _____

B:1b. _____

B:1c. _____

B:1d. _____

A:5b – Setup

Noter og ideer:

Afspilning mønster

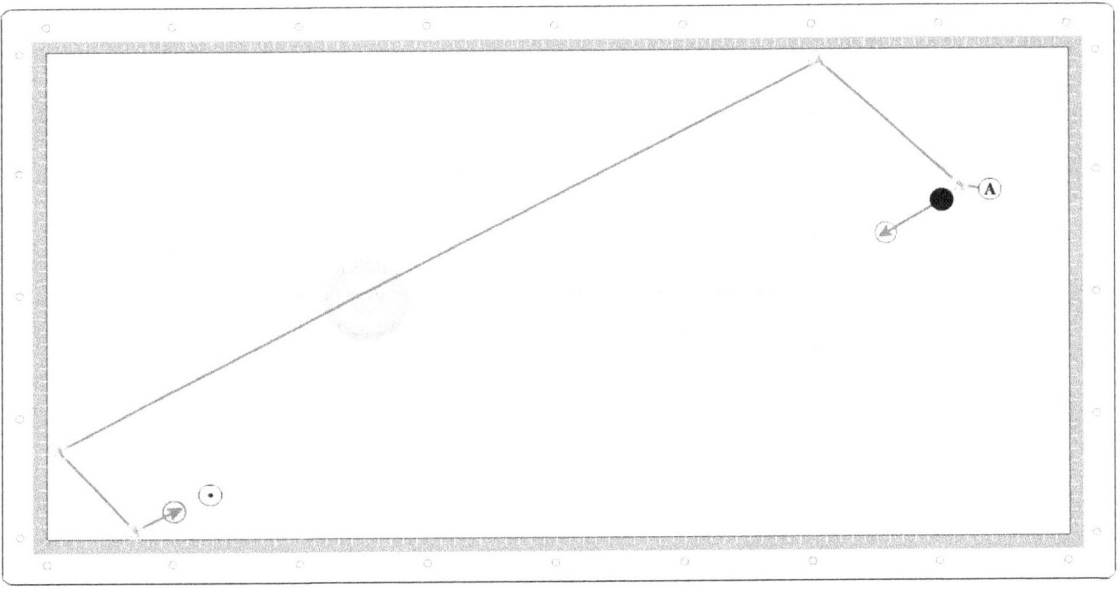

A:5c – Setup

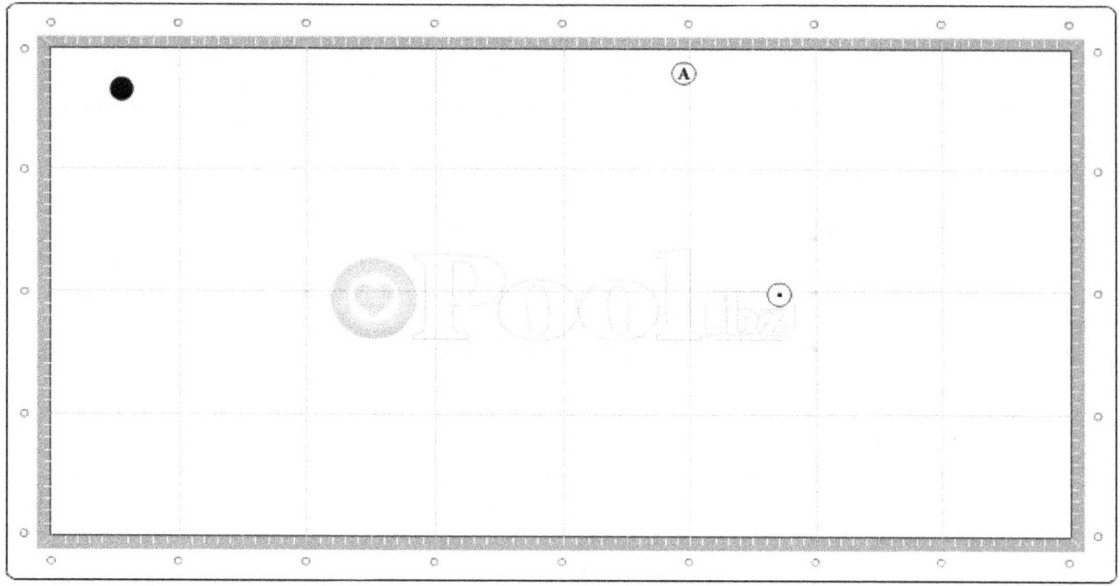

Noter og ideer:

Afspilning mønster

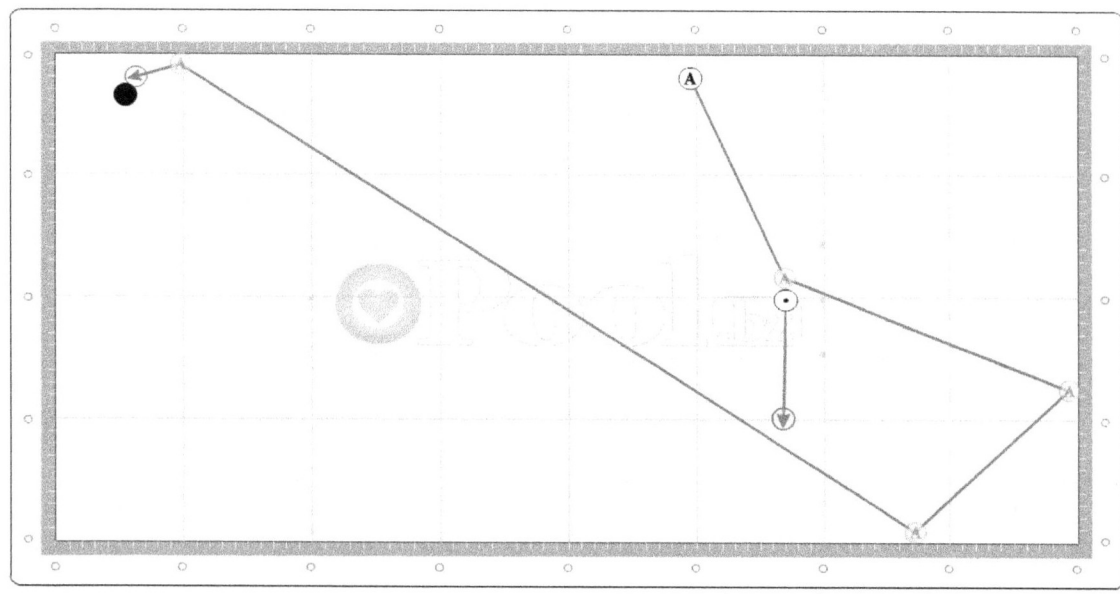

A:5d – Setup

Noter og ideer:

Afspilning mønster

A: Gruppe 6

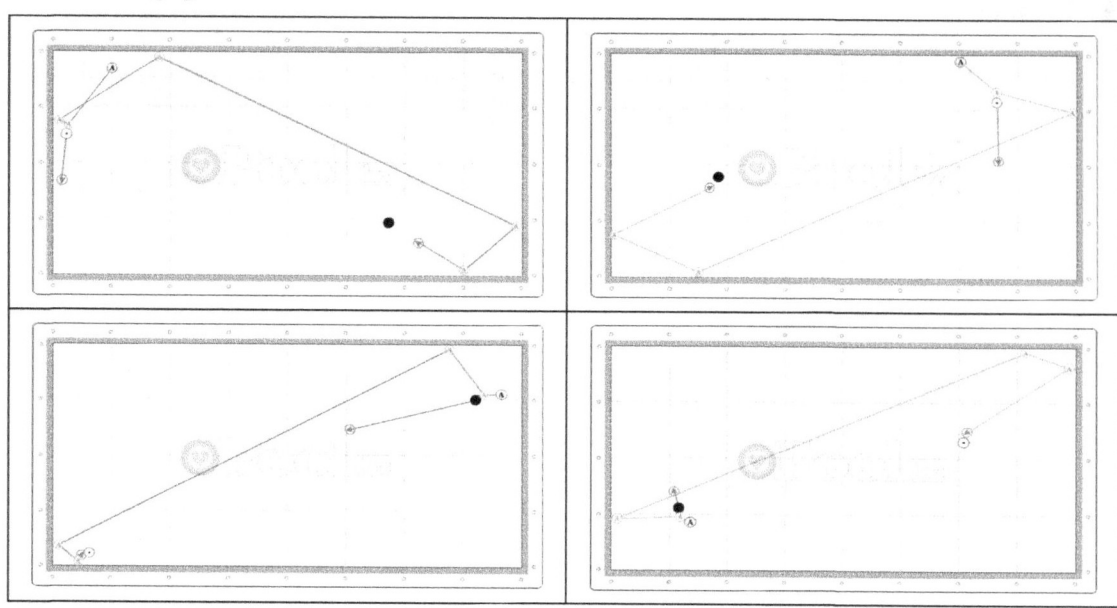

Analyse:

A:6a. _____

A:6b. _____

A:6c. _____

A:6d. _____

A:6a – Setup

Noter og ideer:

Afspilning mønster

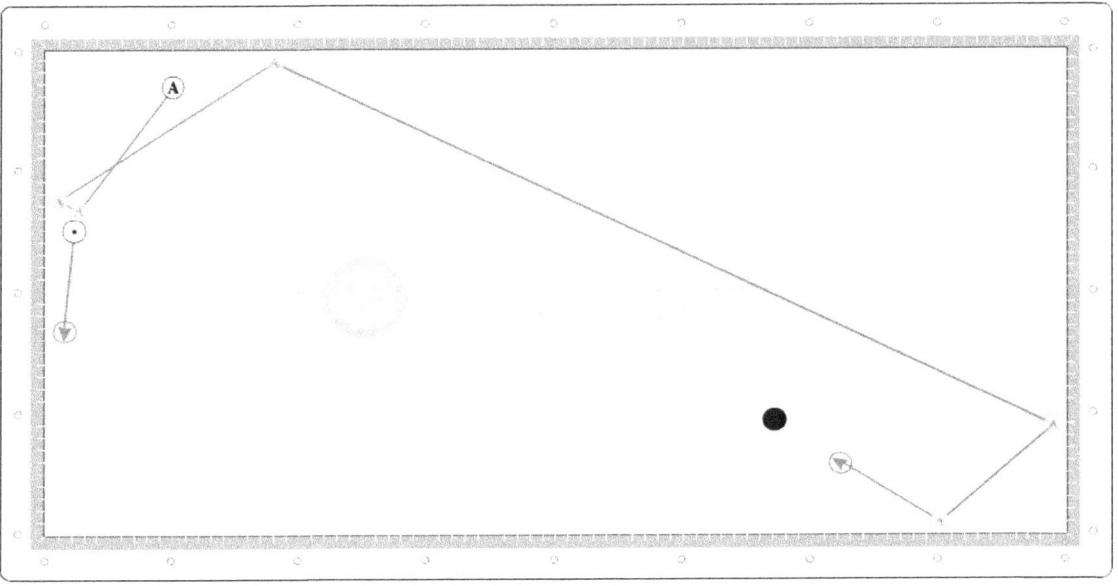

A:6b – Setup

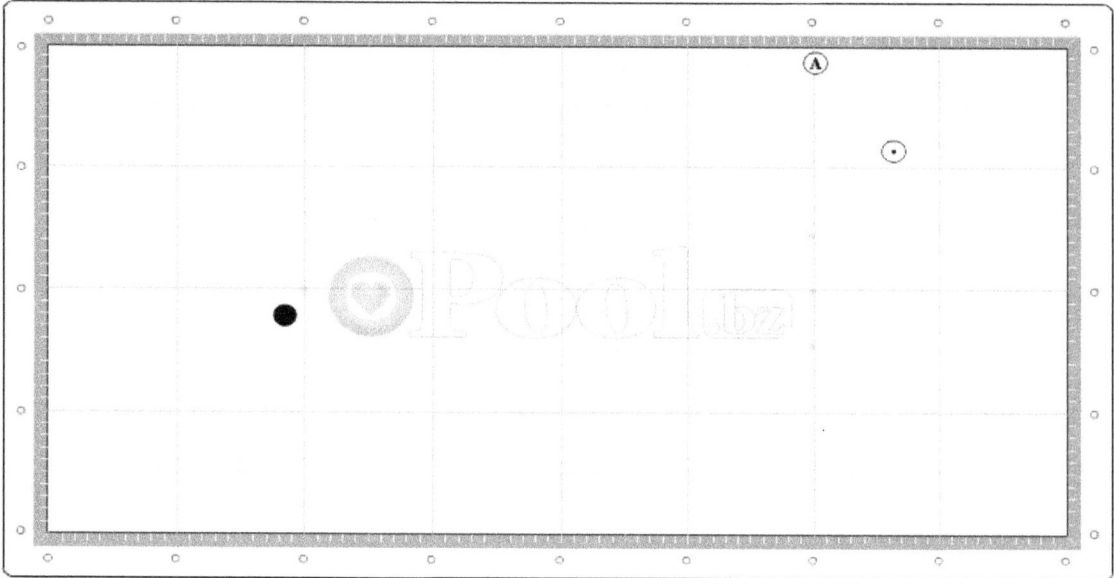

Noter og ideer:

Afspilning mønster

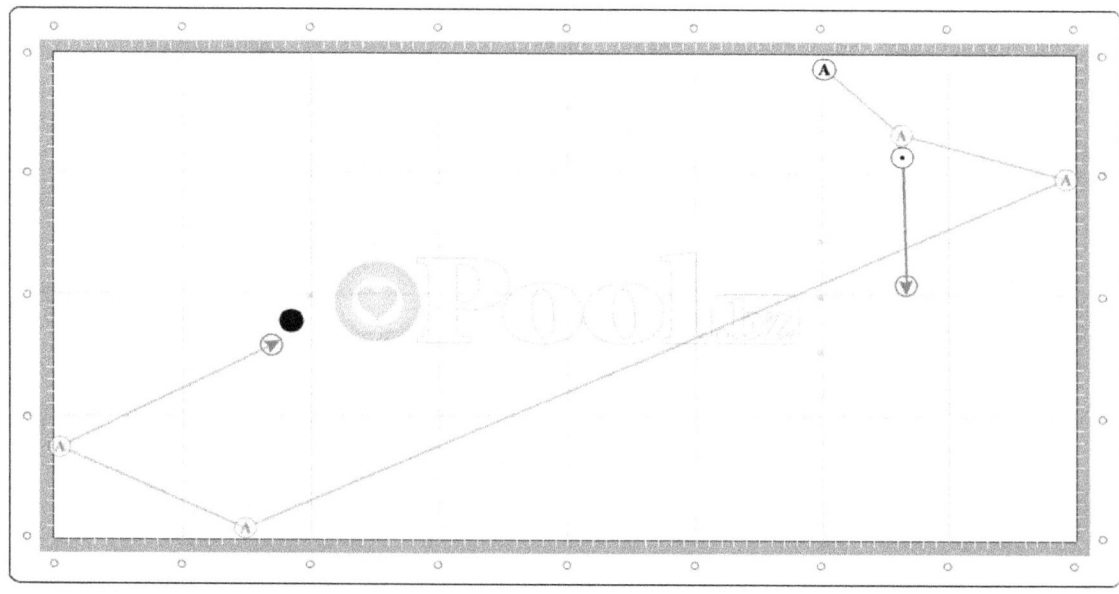

A:6c – Setup

Noter og ideer:

Afspilning mønster

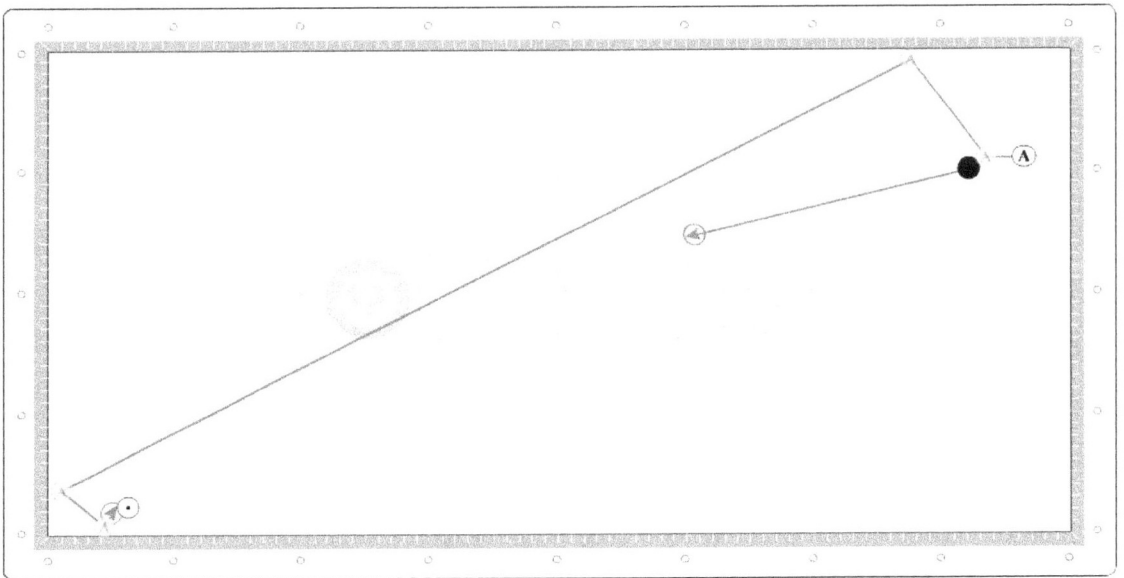

A:6d – Setup

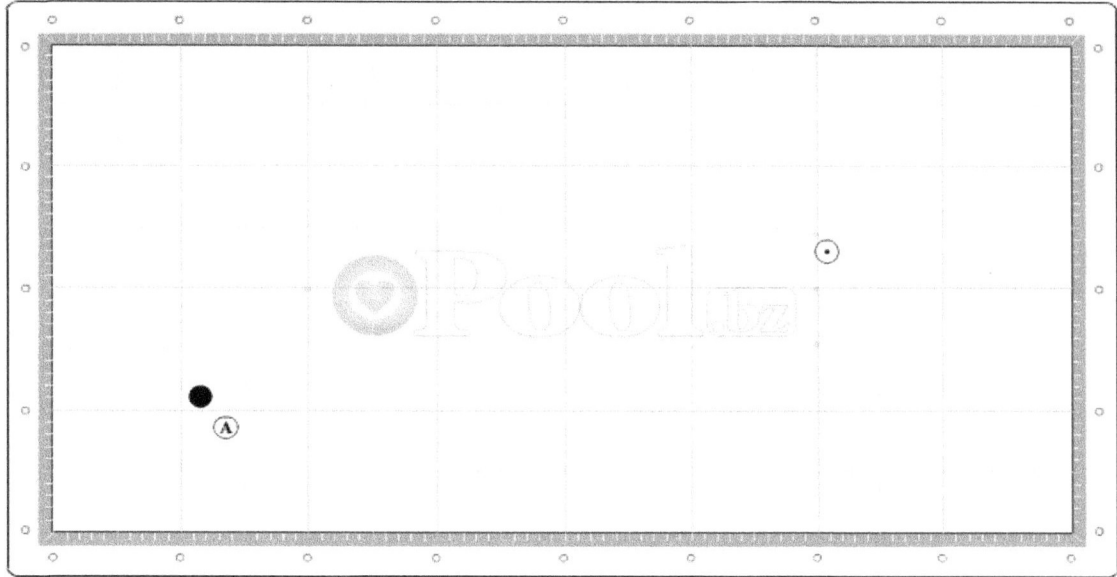

Noter og ideer:

Afspilning mønster

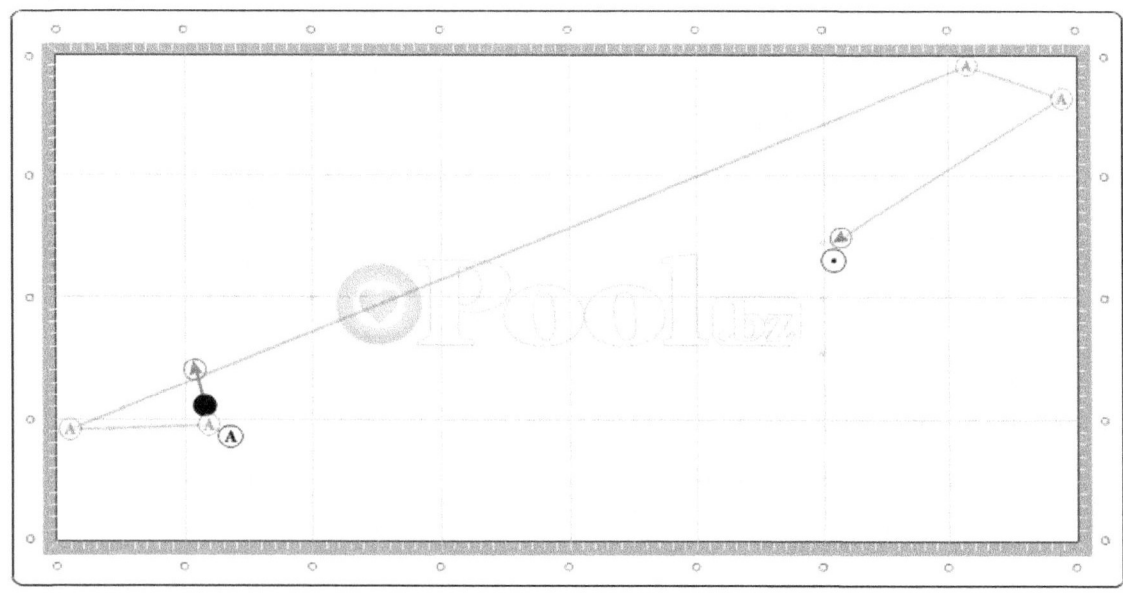

B:1a – Setup

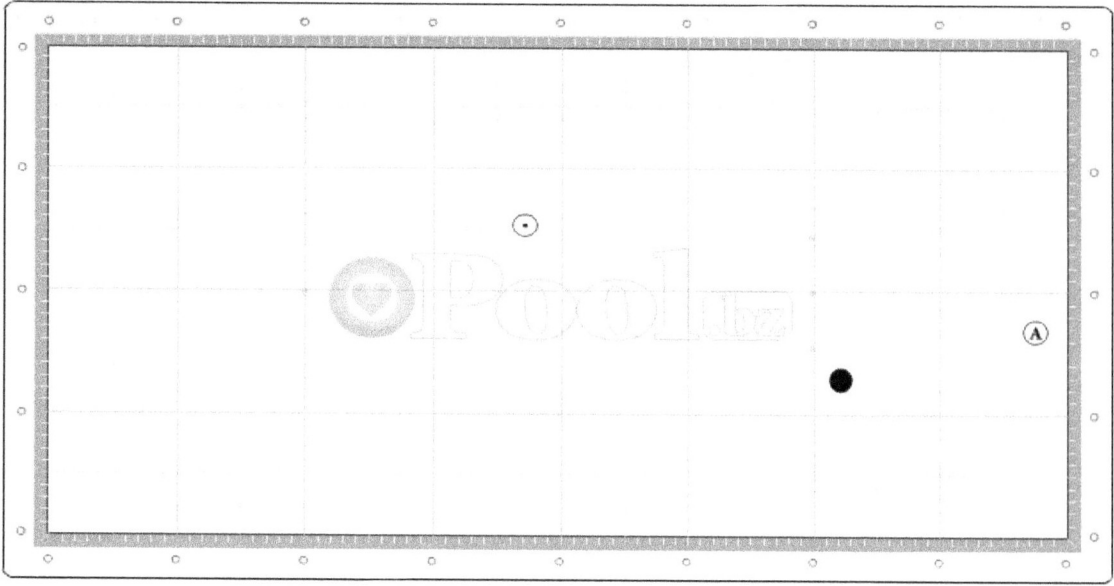

Noter og ideer:

Afspilning mønster

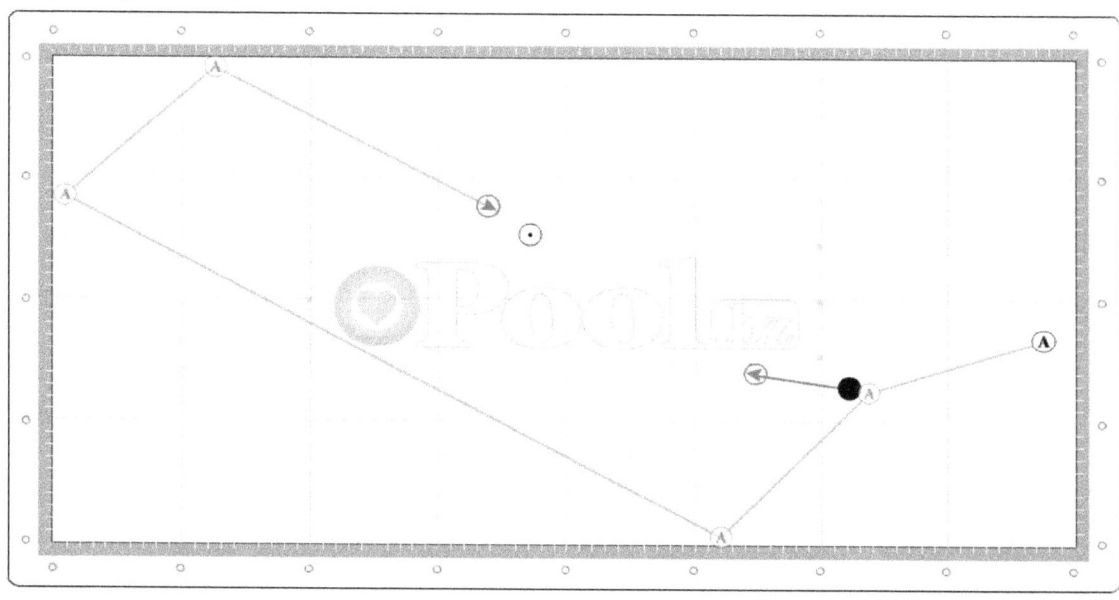

B:1b – Setup

Noter og ideer:

Afspilning mønster

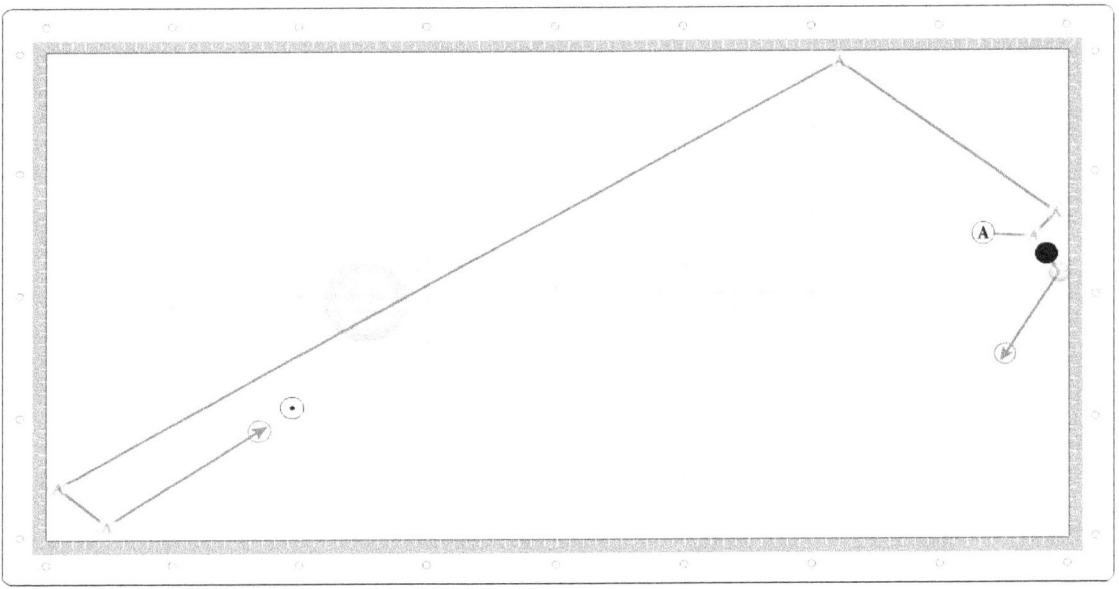

B:1c – Setup

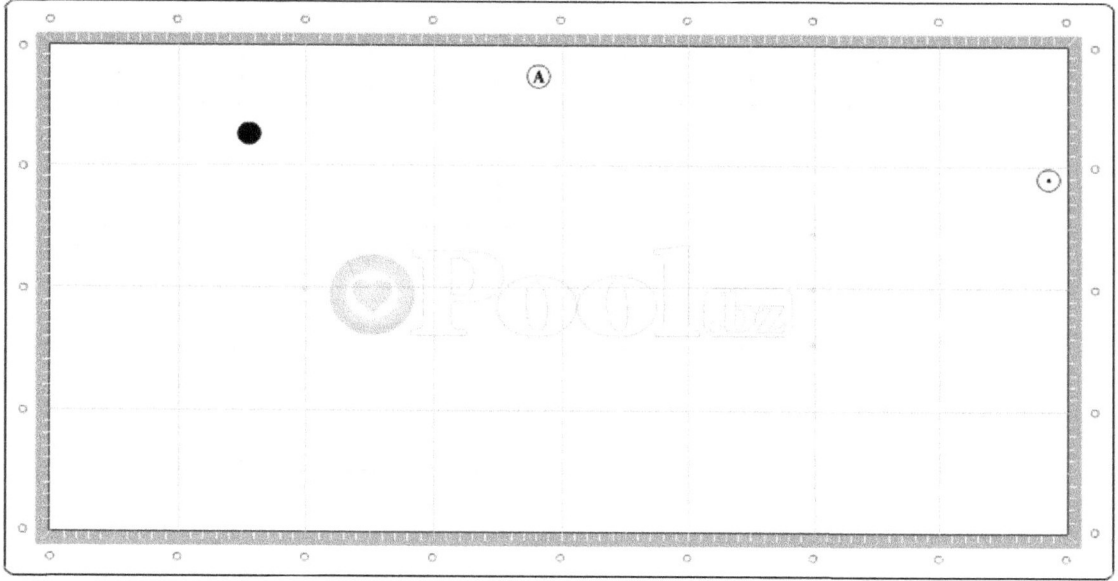

Noter og ideer:

Afspilning mønster

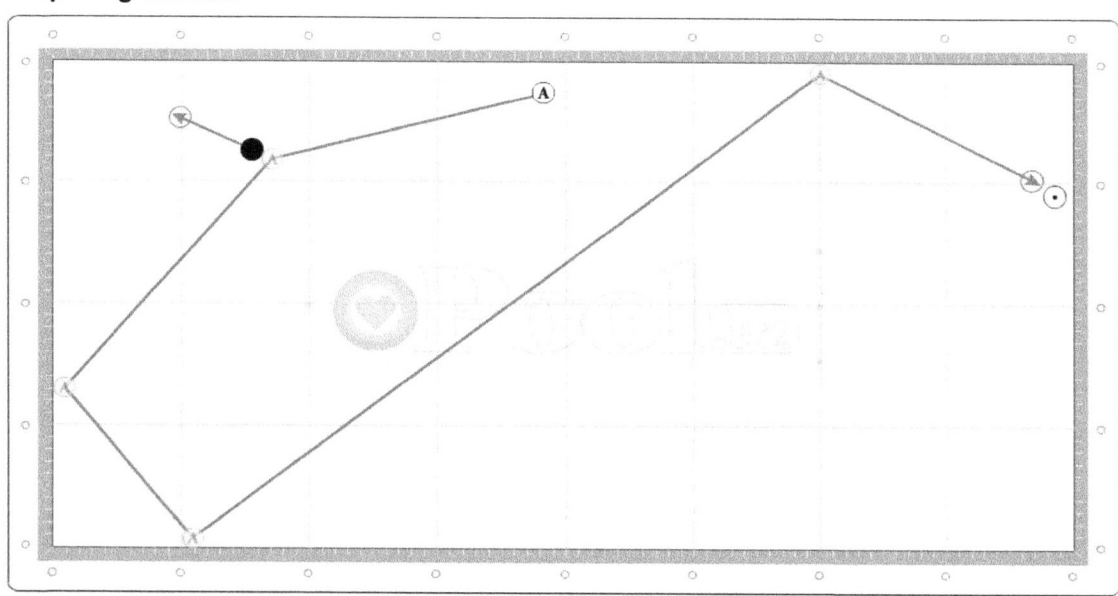

B:1d – Setup

Noter og ideer:

Afspilning mønster

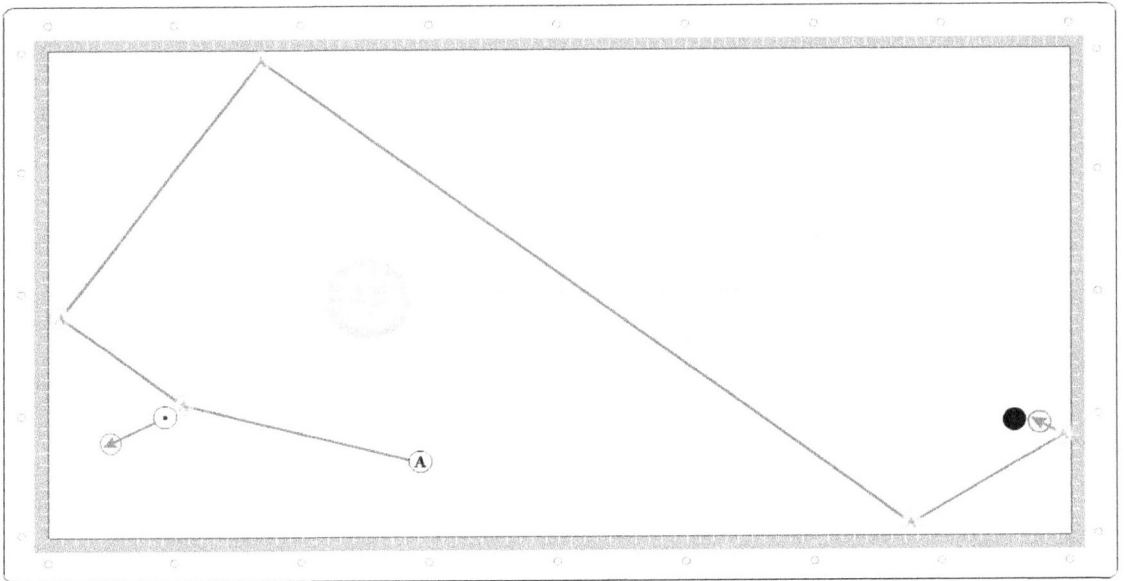

B: Gruppe 2

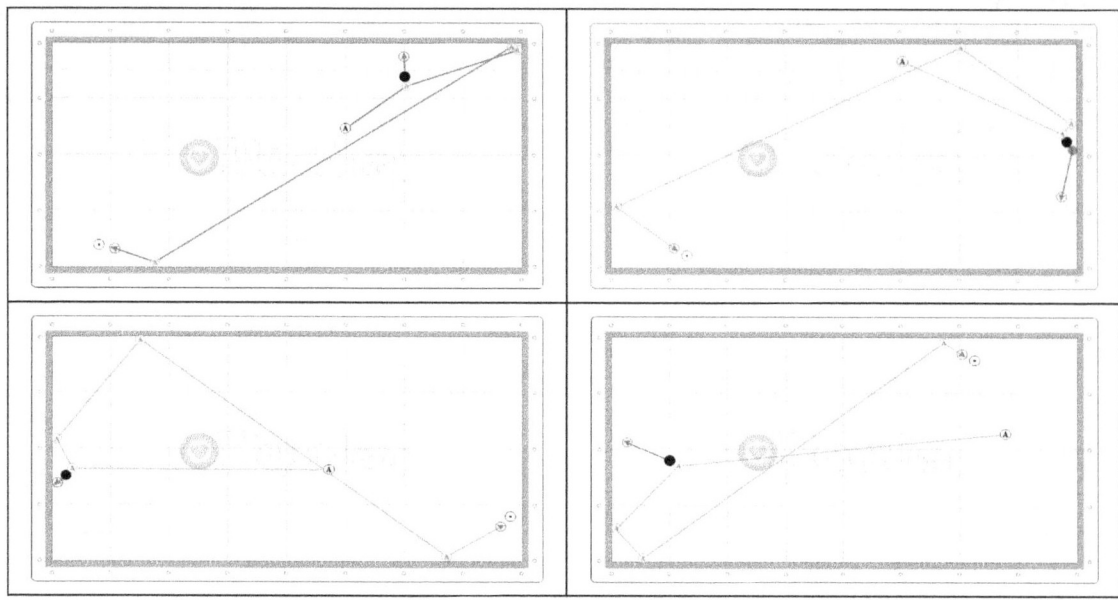

Analyse:

B:2a. _____

B:2b. _____

B:2c. _____

B:2d. _____

B:2a – Setup

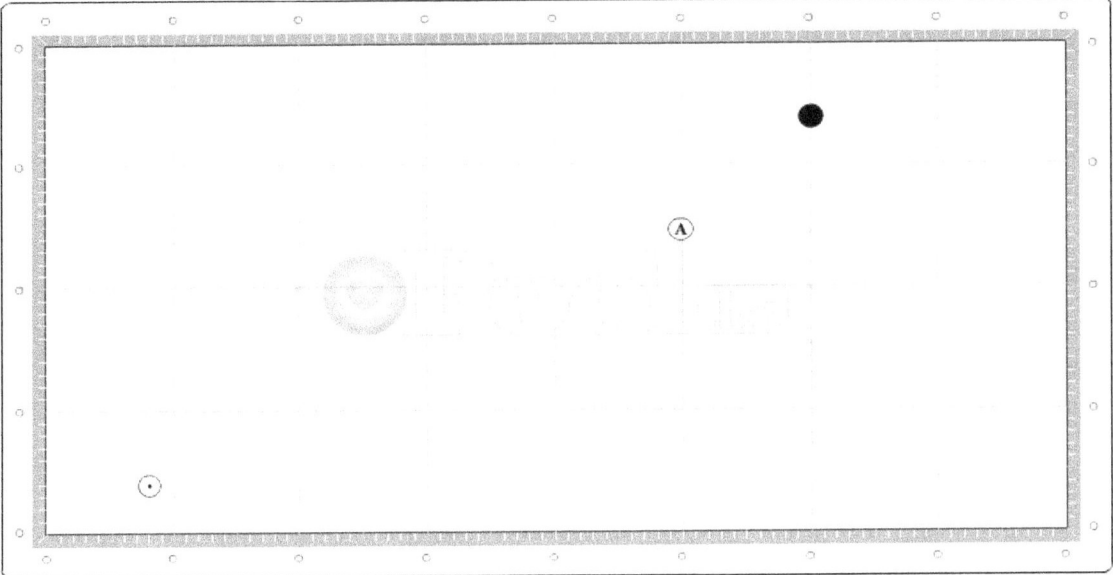

Noter og ideer:

Afspilning mønster

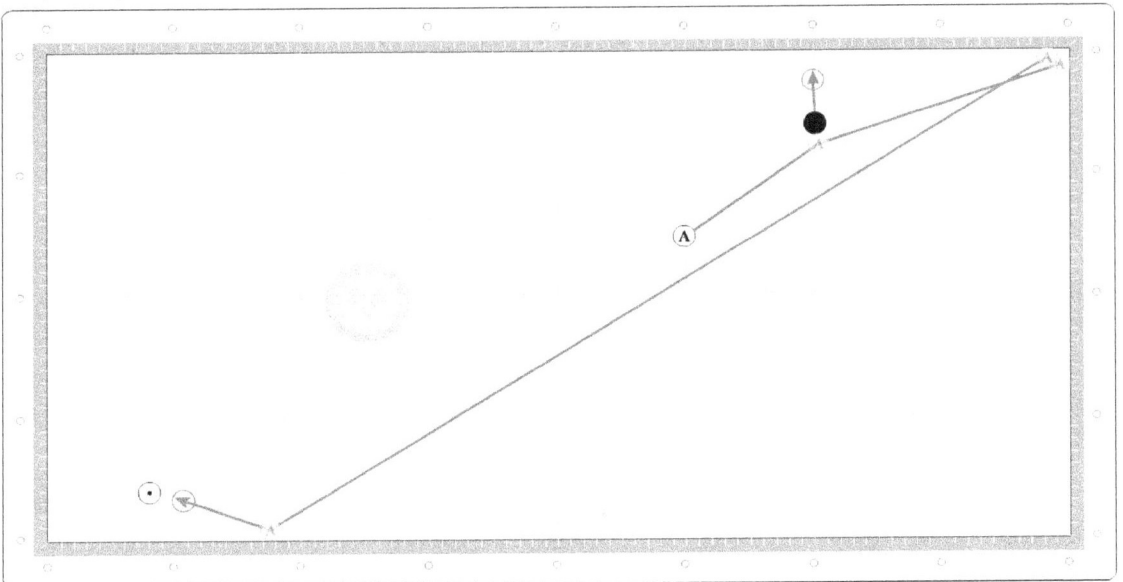

3-bande carambole: Hjørne til hjørne diagonale mønstre

B:2b – Setup

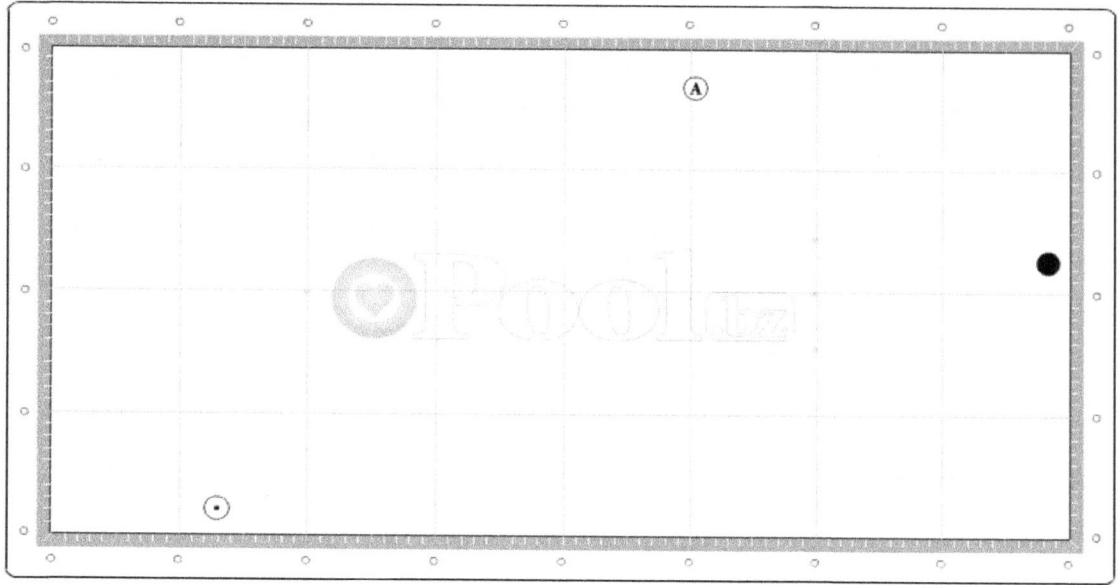

Noter og ideer:

Afspilning mønster

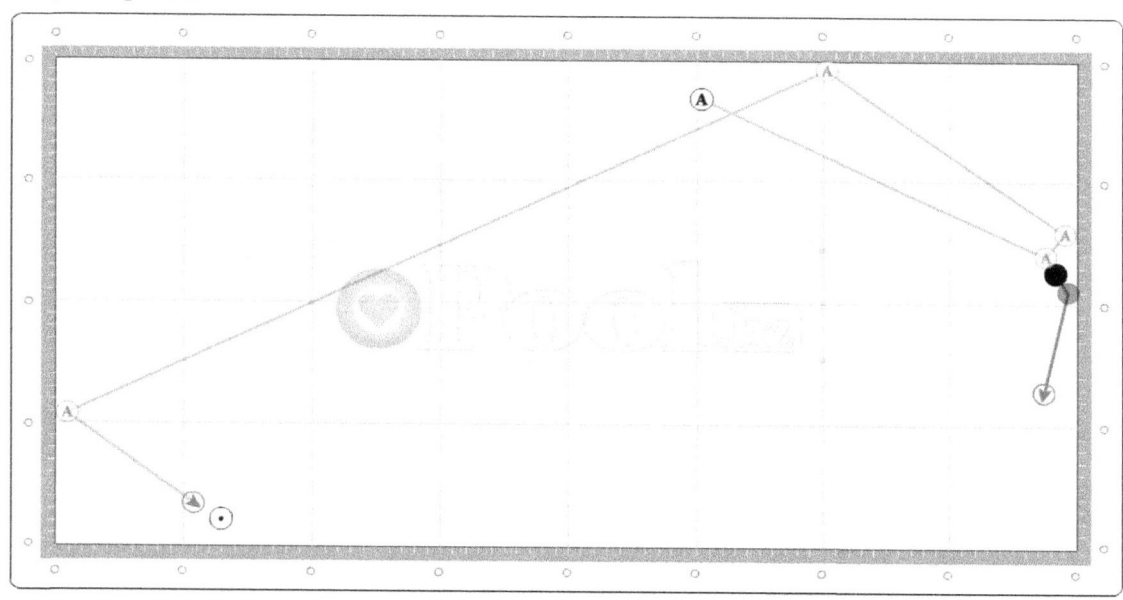

B:2c – Setup

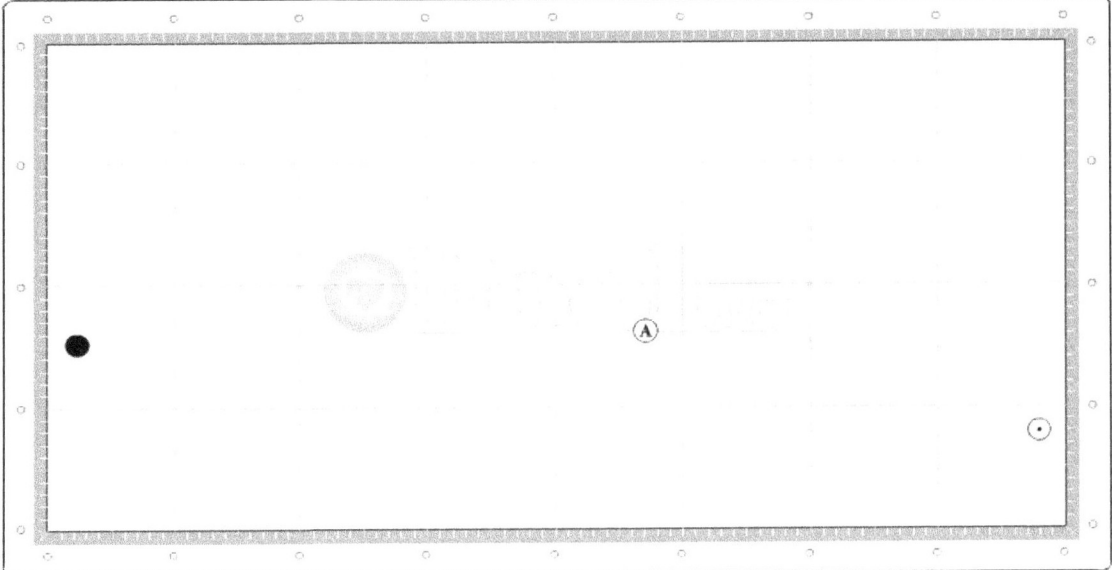

Noter og ideer:

Afspilning mønster

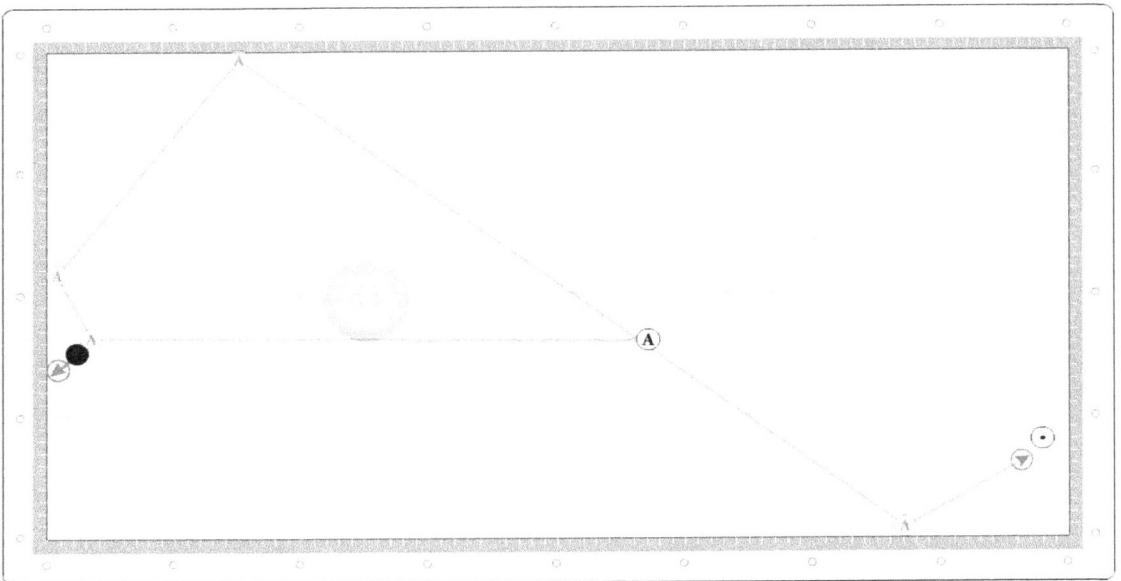

B:2d – Setup

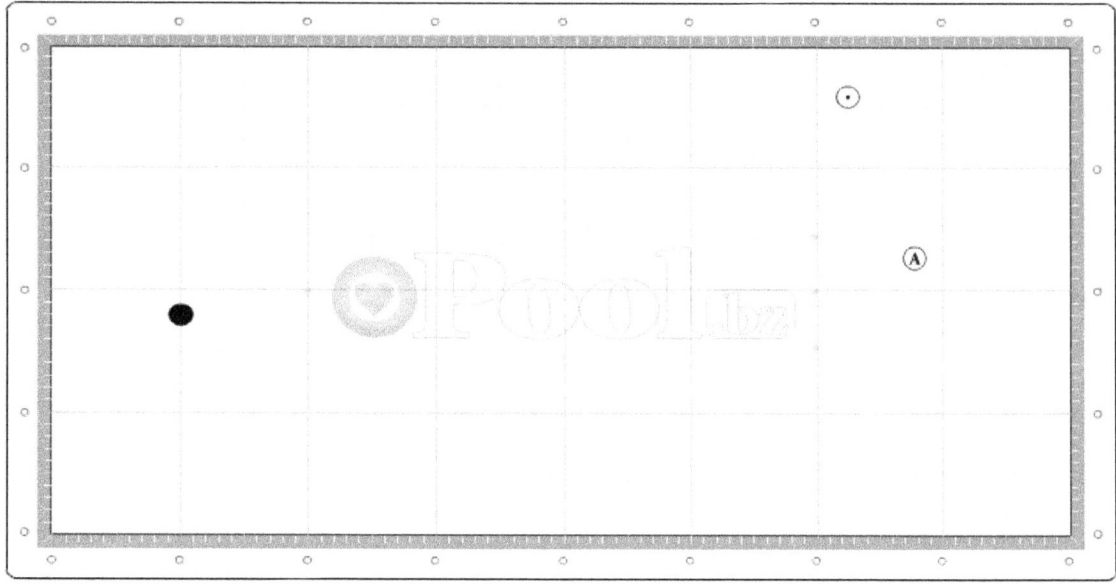

Noter og ideer:

Afspilning mønster

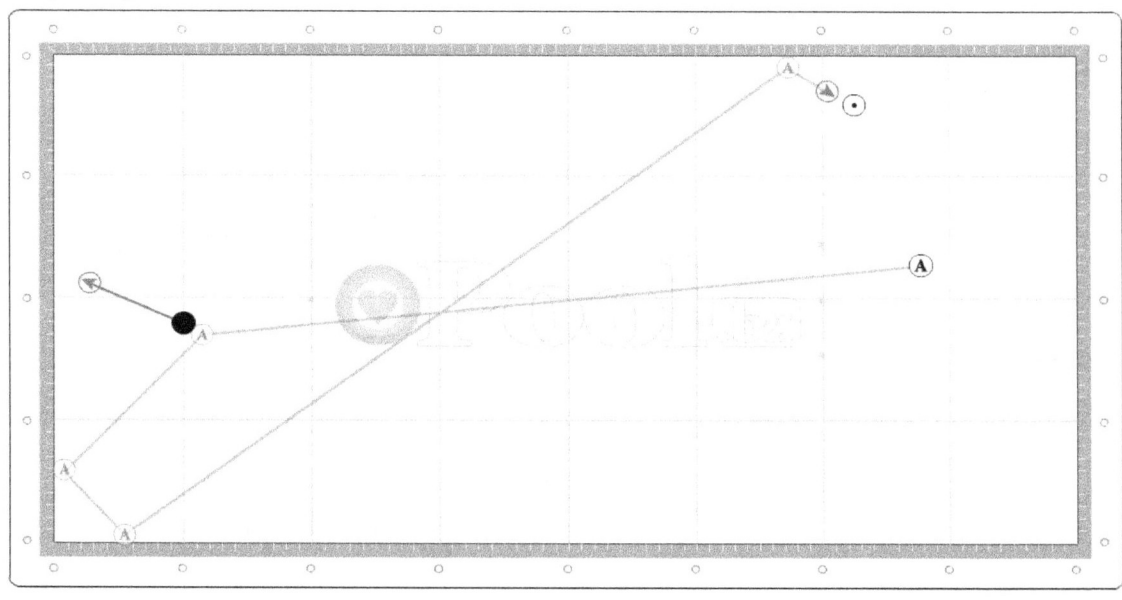

3-bande carambole: Hjørne til hjørne diagonale mønstre

B: Gruppe 3

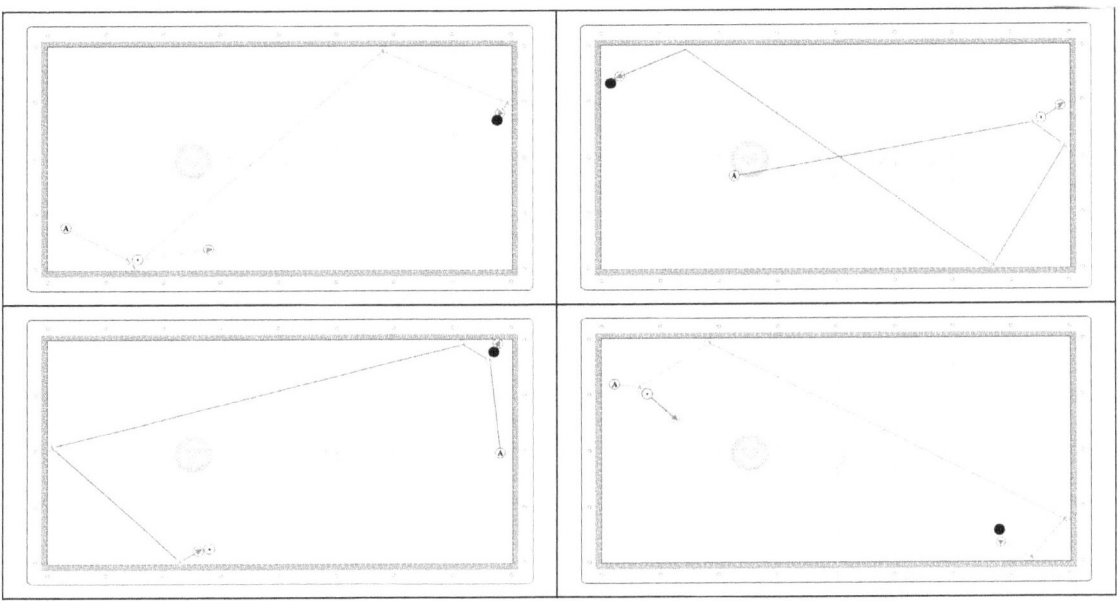

Analyse:

B:3a. _____

B:3b. _____

B:3c. _____

B:3d. _____

B:3a – Setup

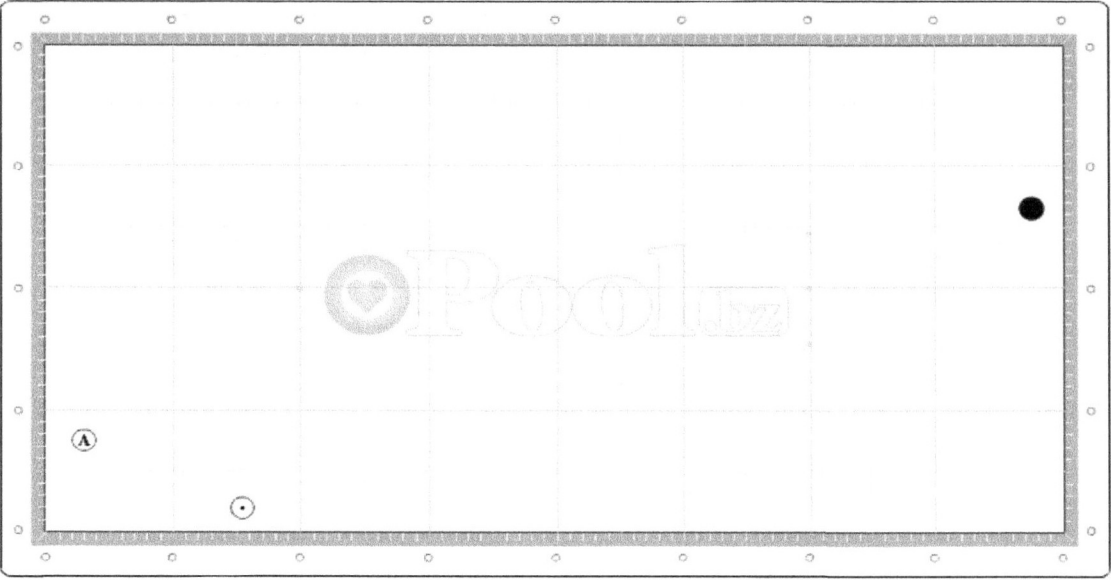

Noter og ideer:

Afspilning mønster

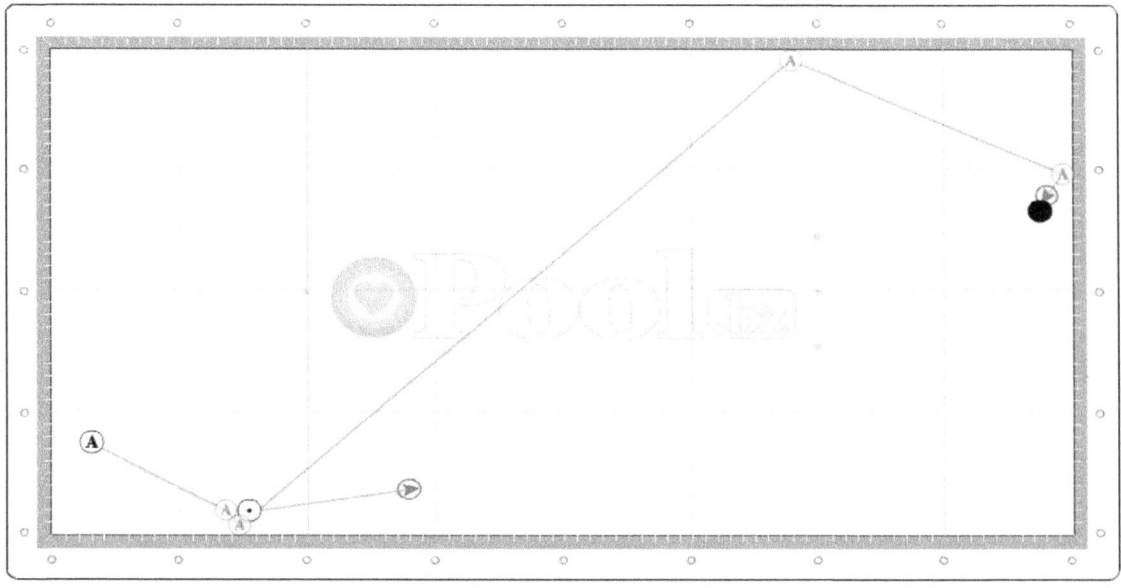

B:3b – Setup

Noter og ideer:

Afspilning mønster

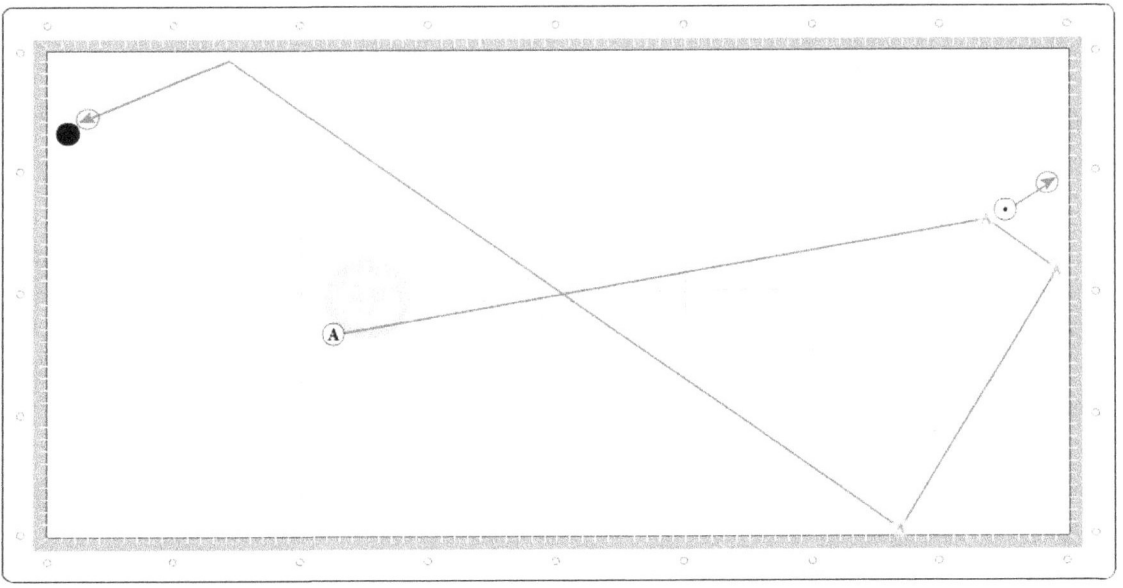

B:3c – Setup

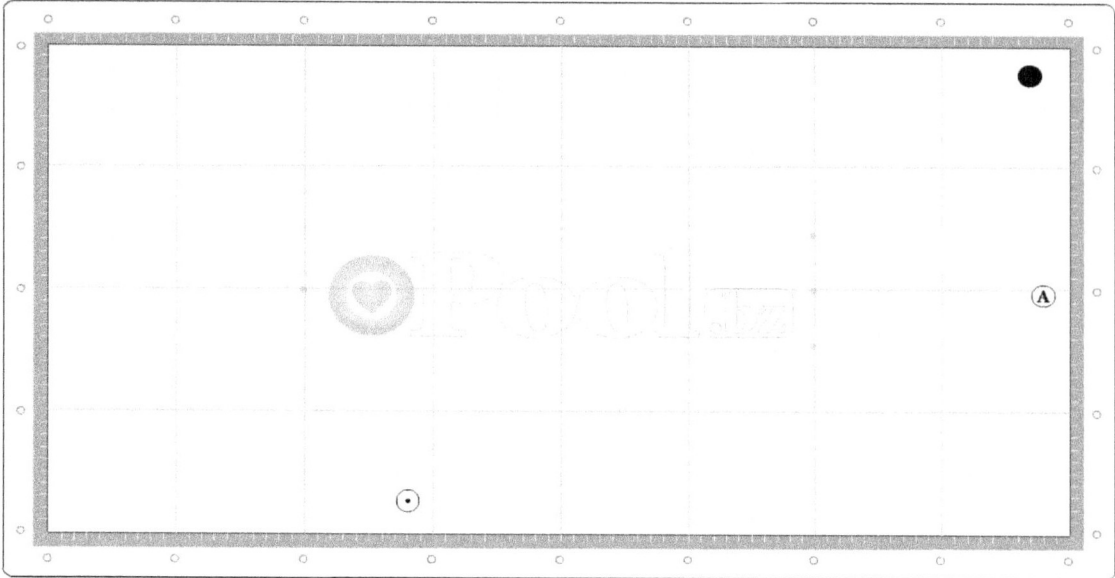

Noter og ideer:

Afspilning mønster

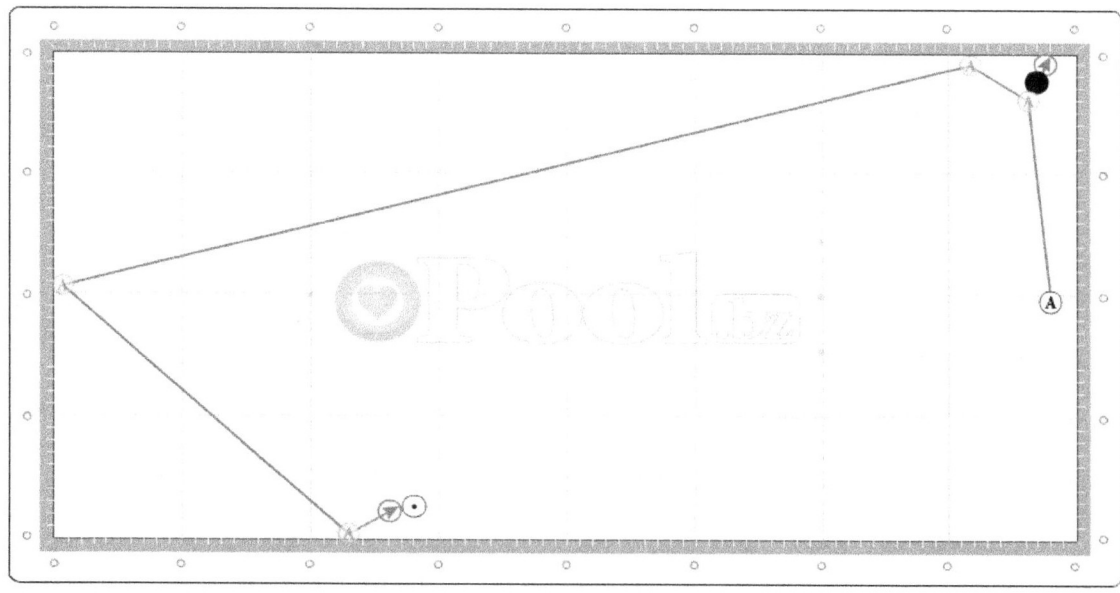

B:3d – Setup

Noter og ideer:

Afspilning mønster

C: Parallelle diagonaler

Den (CB) kommer ud af den første (OB) og rejser til det modsatte tværhjørne og kommer så tilbage i en parallelvej tilbage for at komme i kontakt med det andet (OB) og et punkt.

Ⓐ (CB) (din billardkugle) – ⊙ (OB) (modstander billardkugle) – ● (OB) (rød billardkugle)

C: Gruppe 1

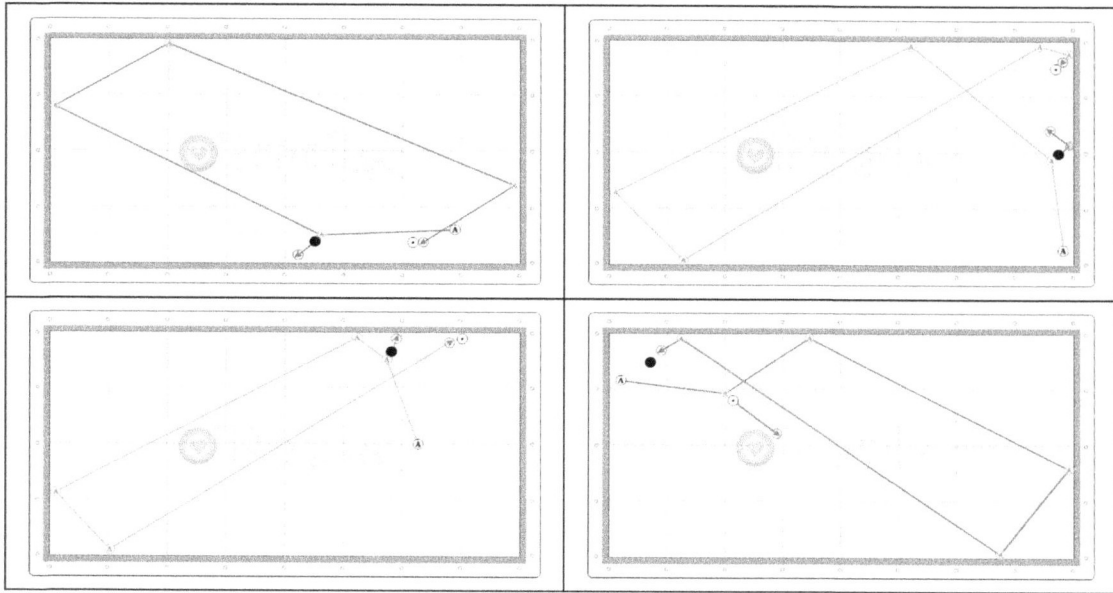

Analyse:

C:1a. _____

C:1b. _____

C:1c. _____

C:1d. _____

C:1a – Setup

Noter og ideer:

Afspilning mønster

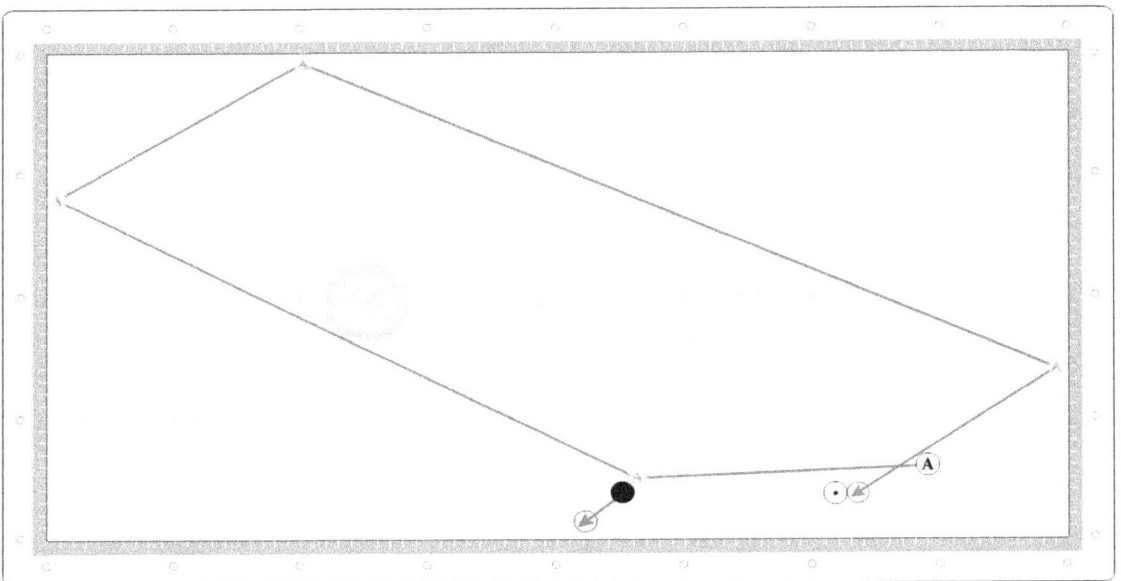

C:1b – Setup

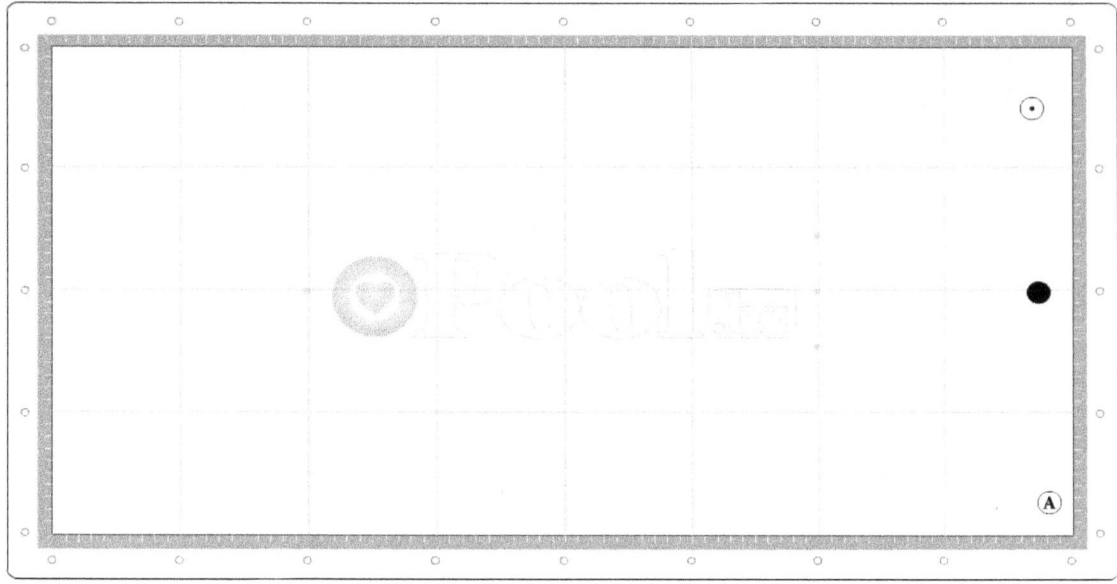

Noter og ideer:

Afspilning mønster

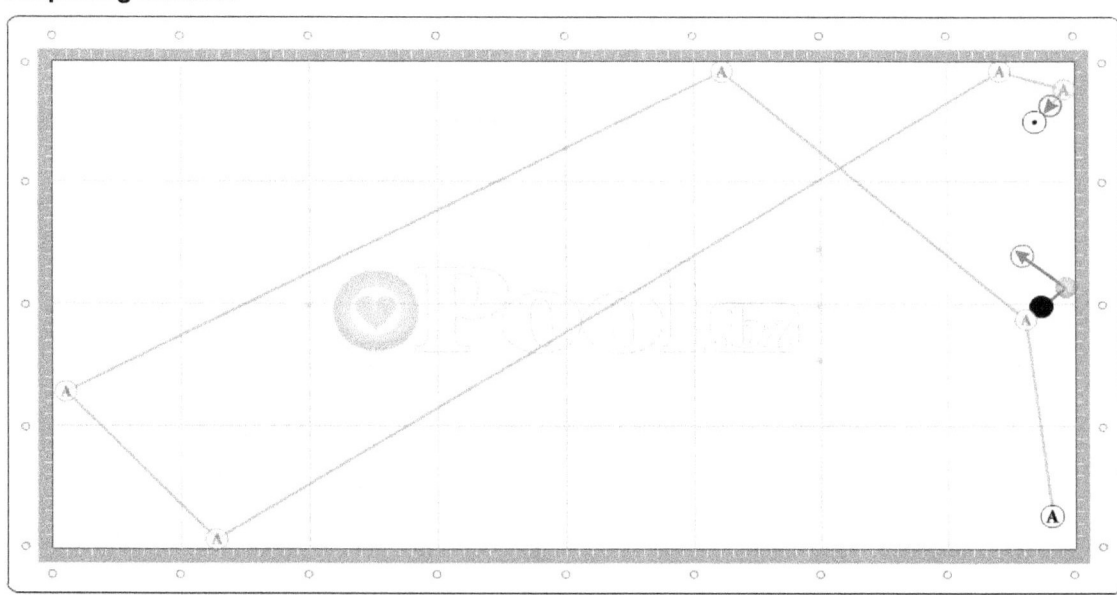

3-bande carambole: Hjørne til hjørne diagonale mønstre

C:1c – Setup

Noter og ideer:

Afspilning mønster

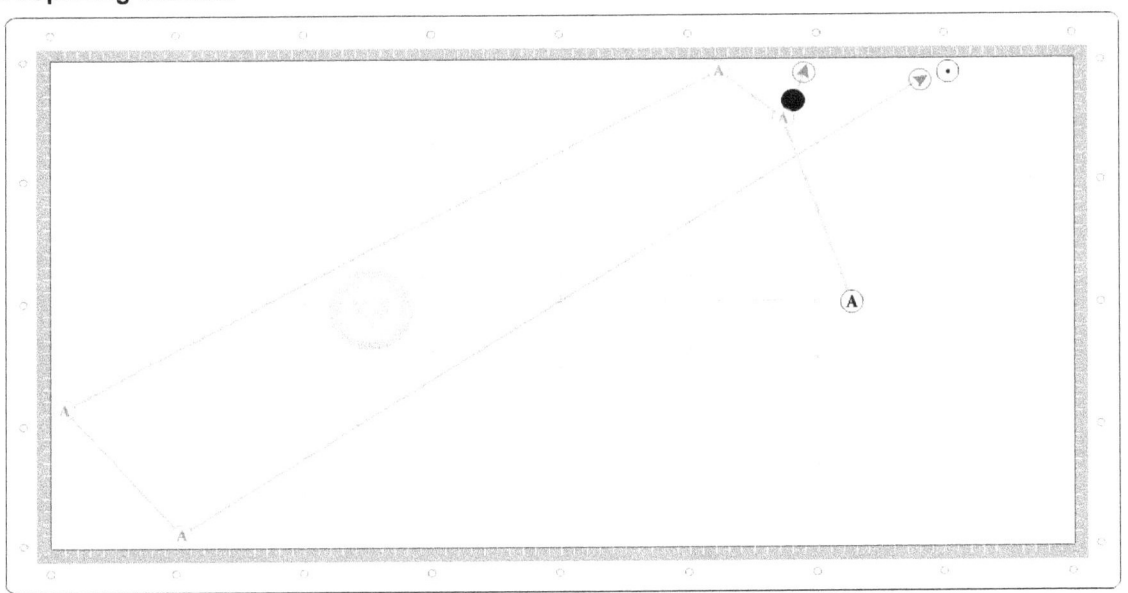

C:1d – Setup

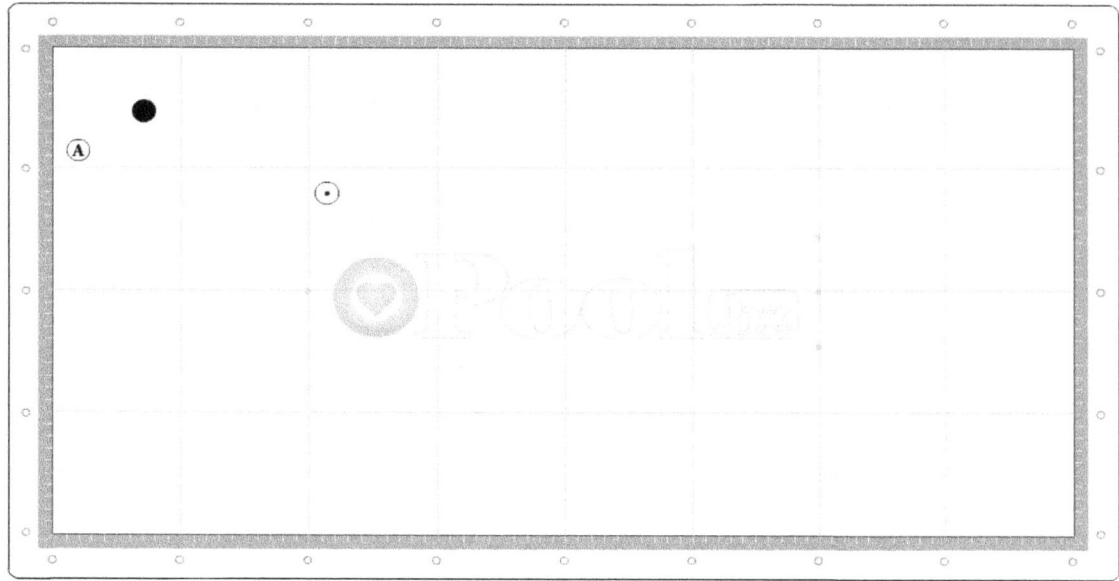

Noter og ideer:

Afspilning mønster

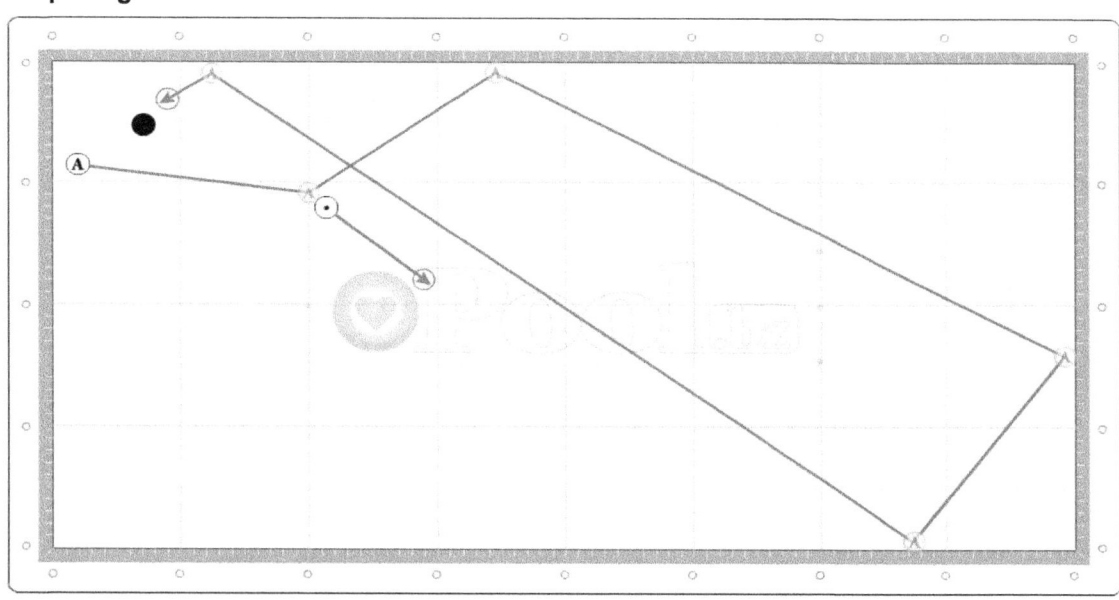

C: Gruppe 2

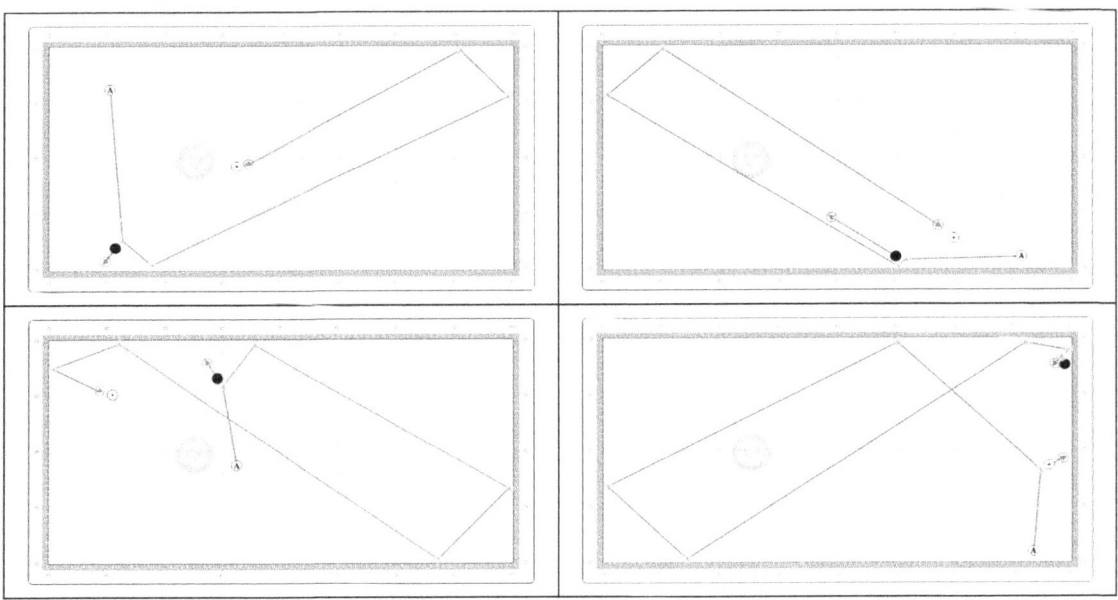

Analyse:

C:2a. _____

C:2b. _____

C:2c. _____

C:2d. _____

C:2a – Setup

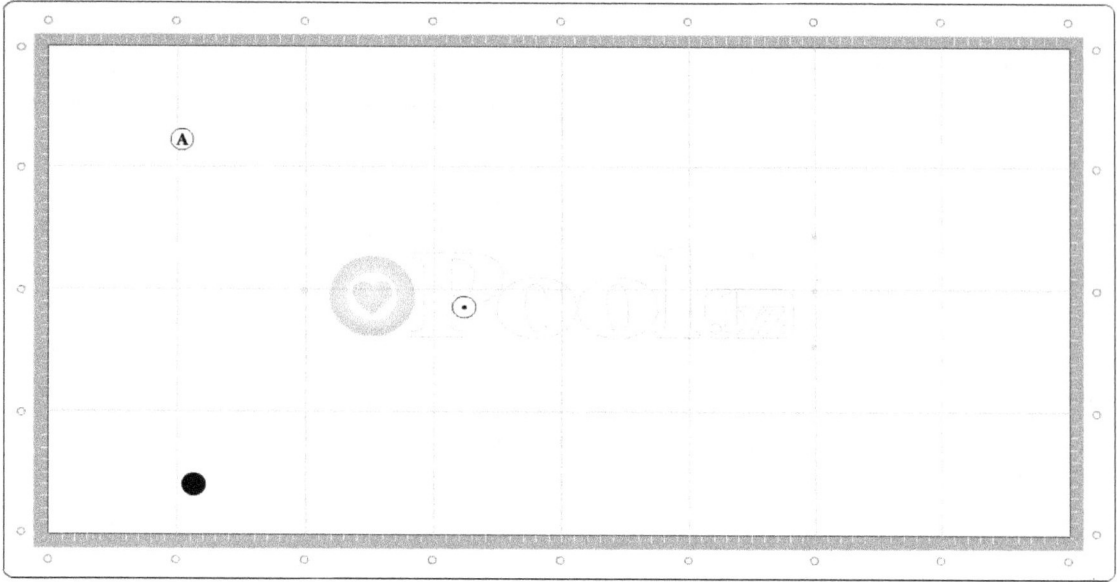

Noter og ideer:

Afspilning mønster

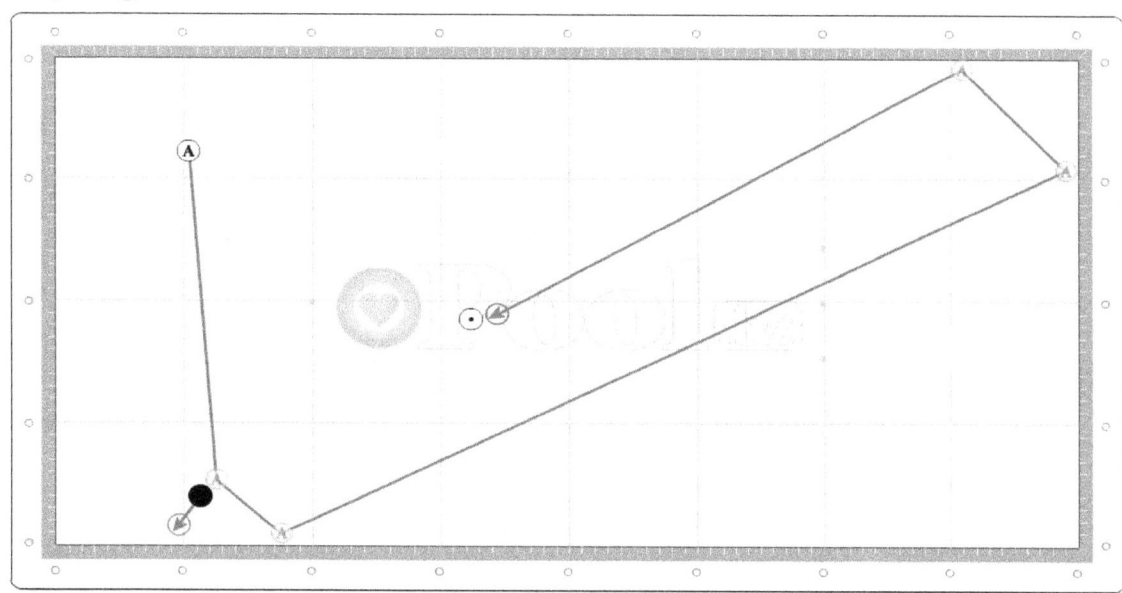

C:2b – Setup

Noter og ideer:

Afspilning mønster

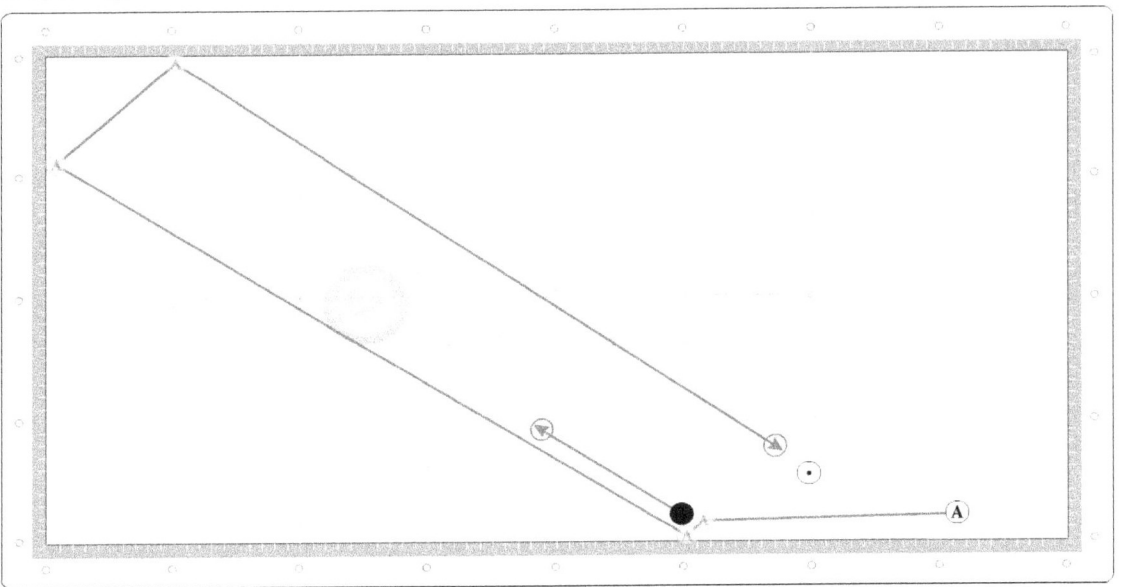

C:2c – Setup

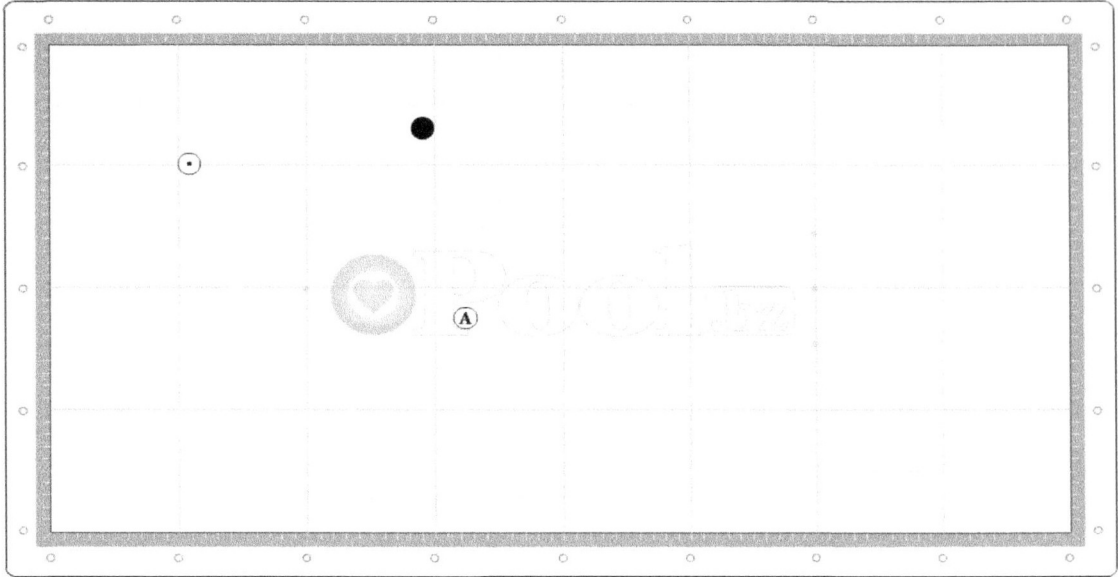

Noter og ideer:

Afspilning mønster

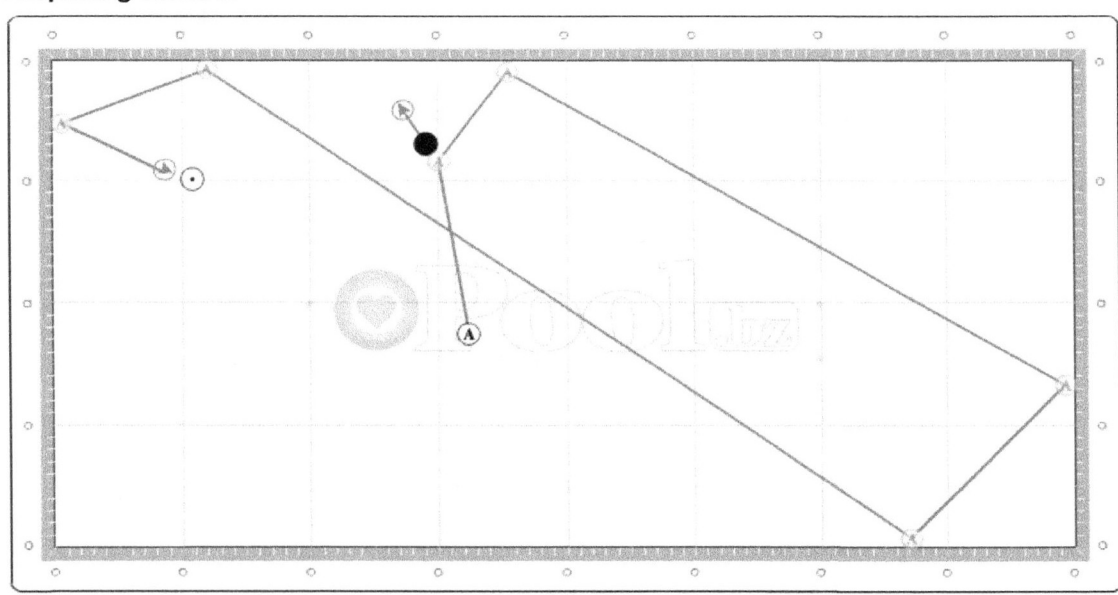

C:2d – Setup

Noter og ideer:

Afspilning mønster

C: Gruppe 3

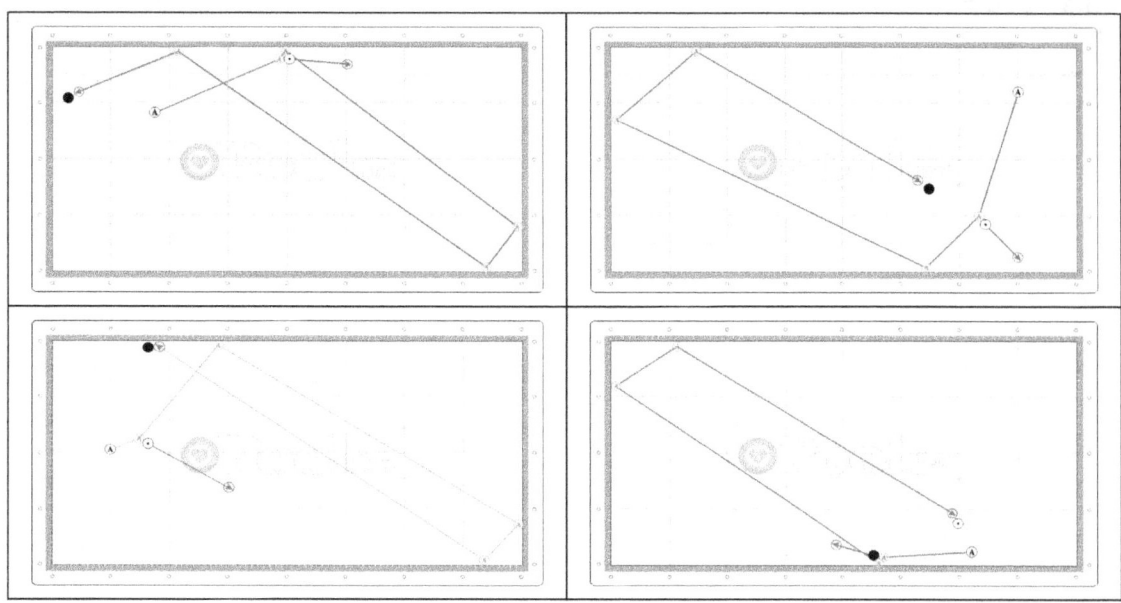

Analyse:

C:3a. _____

C:3b. _____

C:3c. _____

C:3d. _____

C:3a – Setup

Noter og ideer:

Afspilning mønster

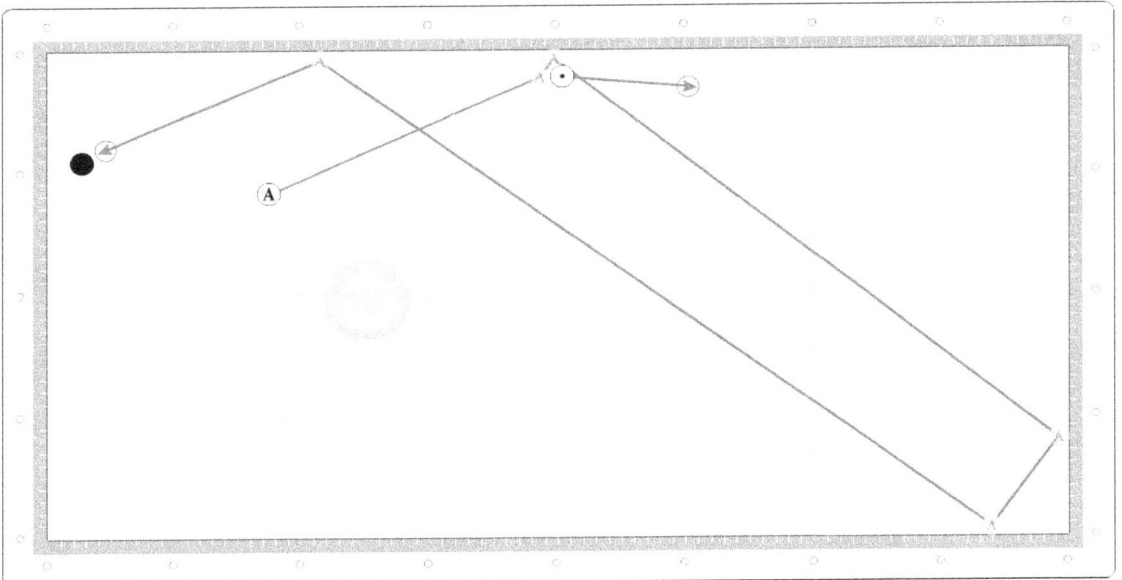

C:3b – Setup

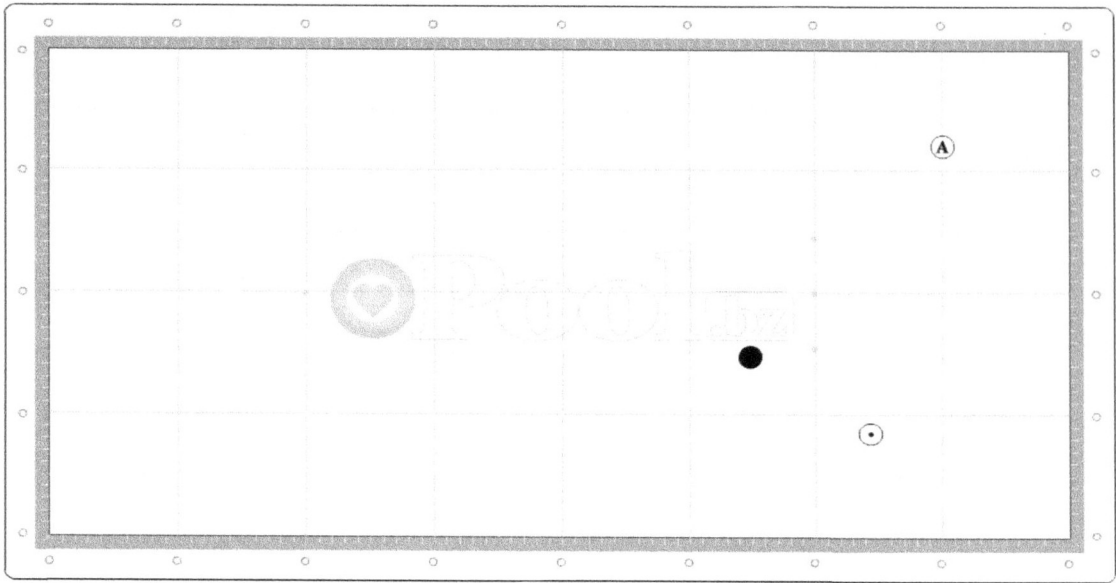

Noter og ideer:

Afspilning mønster

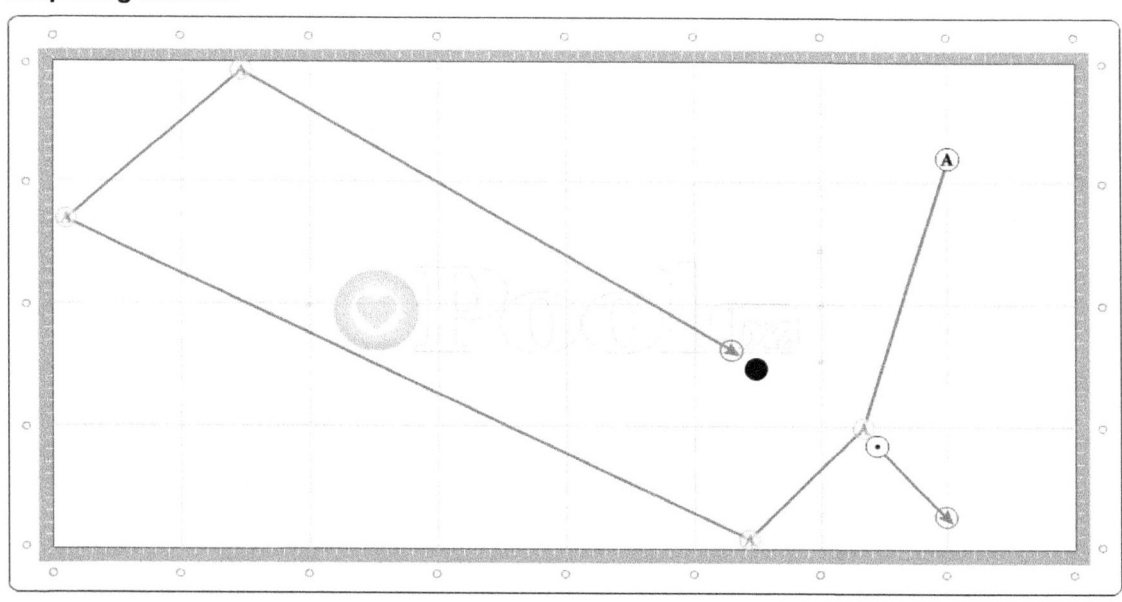

C:3c – Setup

Noter og ideer:

Afspilning mønster

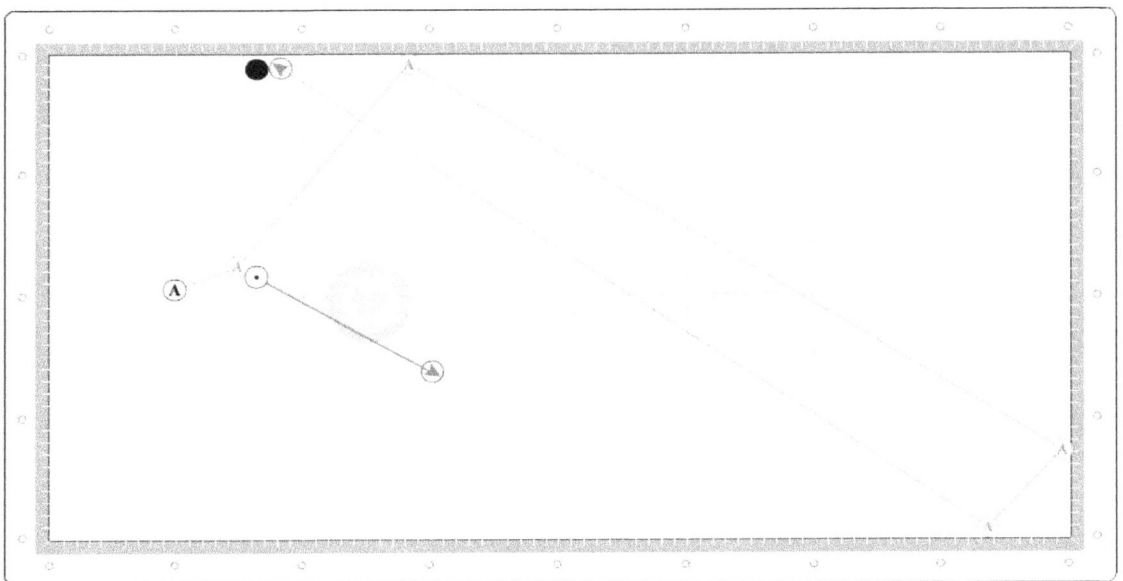

C:3d – Setup

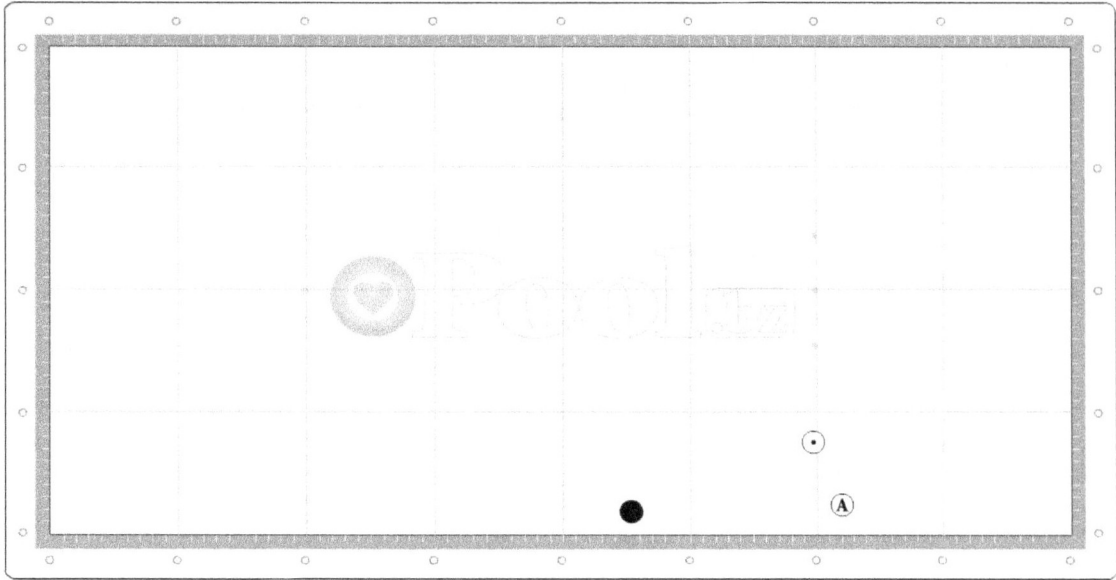

Noter og ideer:

Afspilning mønster

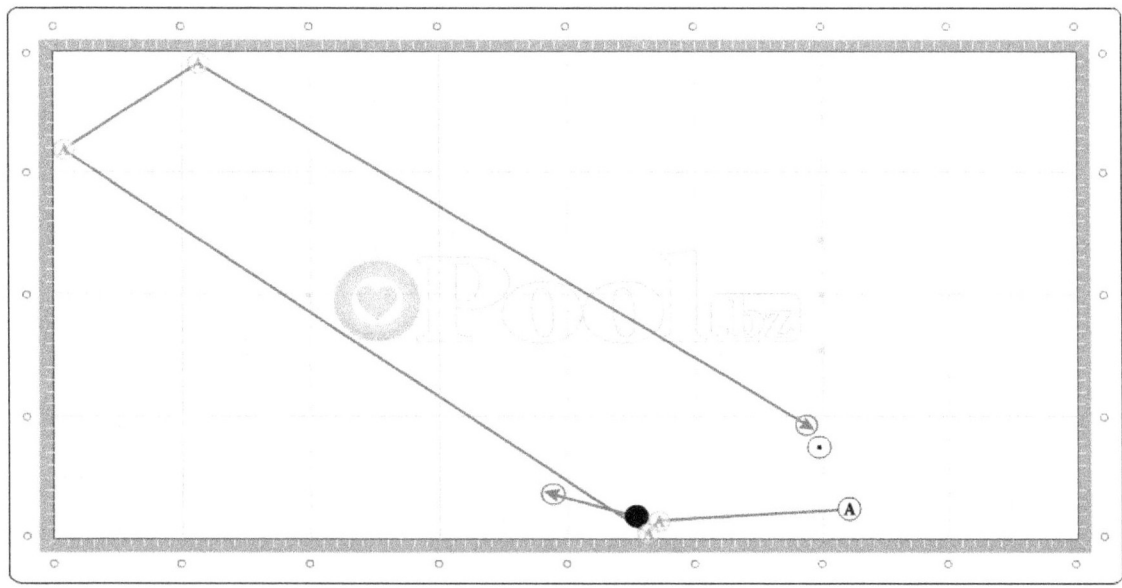

C: Gruppe 4

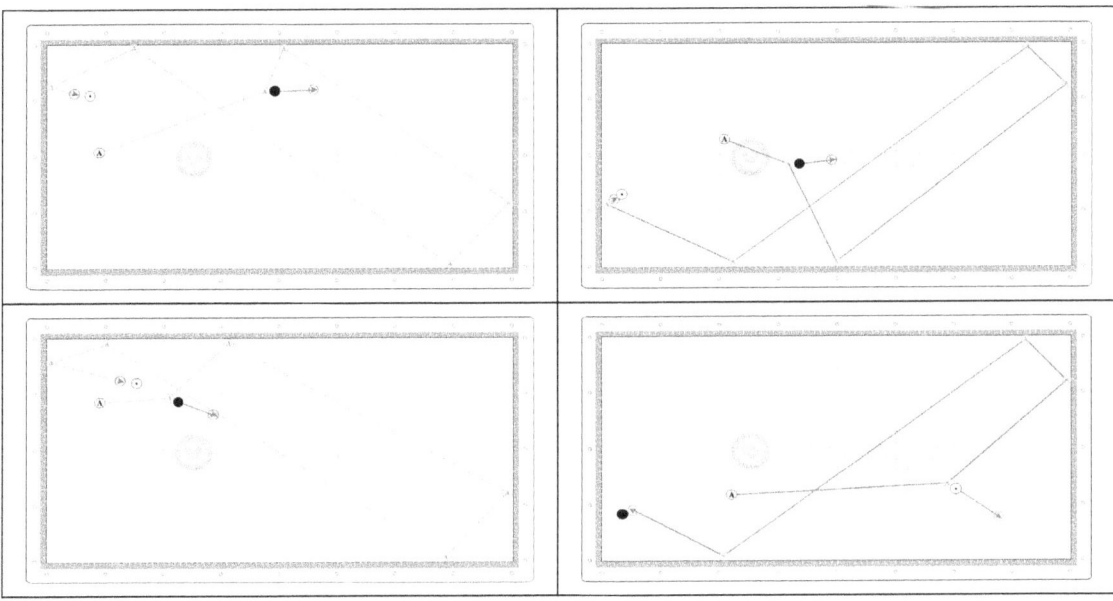

Analyse:

C:4a. _____

C:4b. _____

C:4c. _____

C:4d. _____

C:4a – Setup

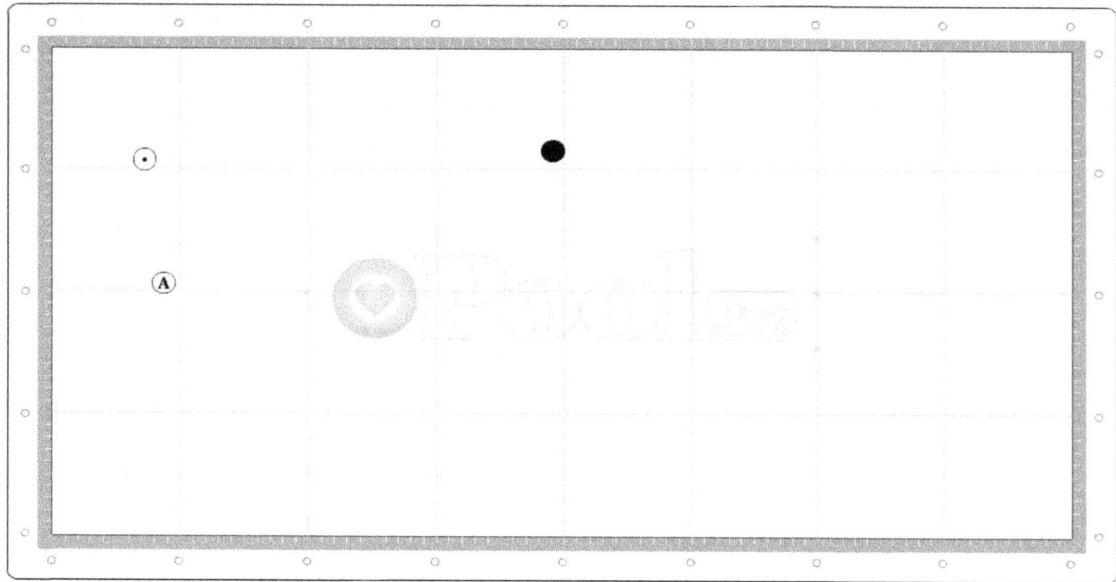

Noter og ideer:

Afspilning mønster

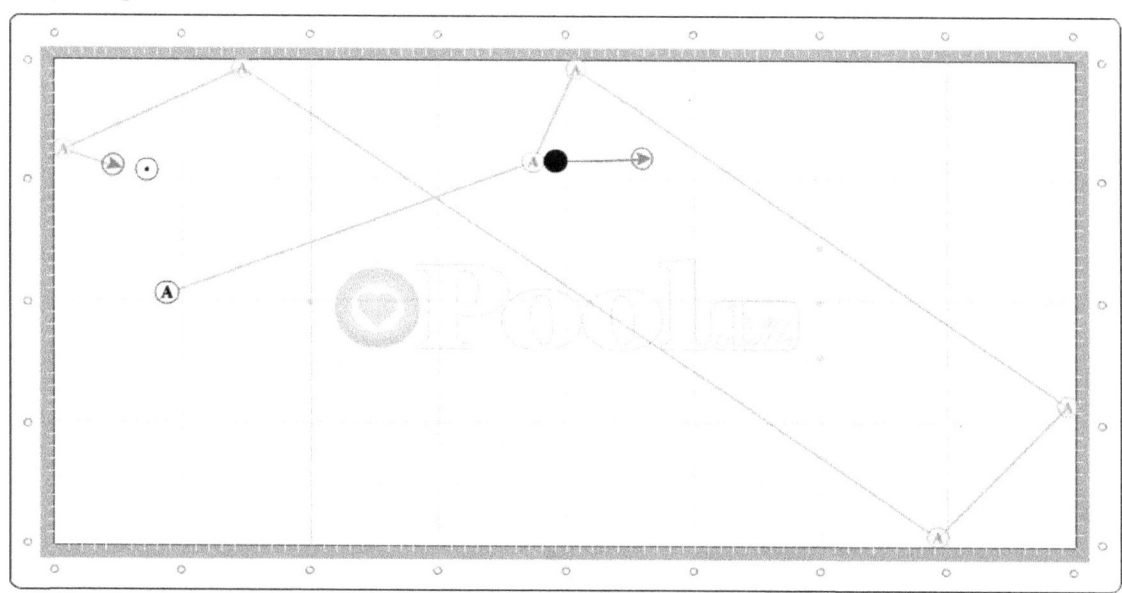

C:4b – Setup

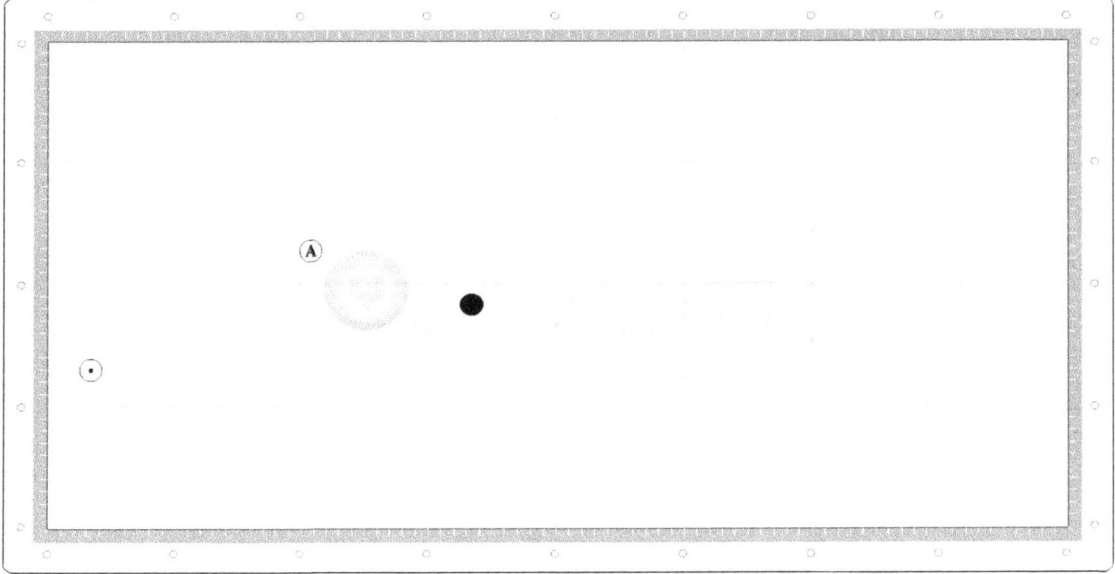

Noter og ideer:

Afspilning mønster

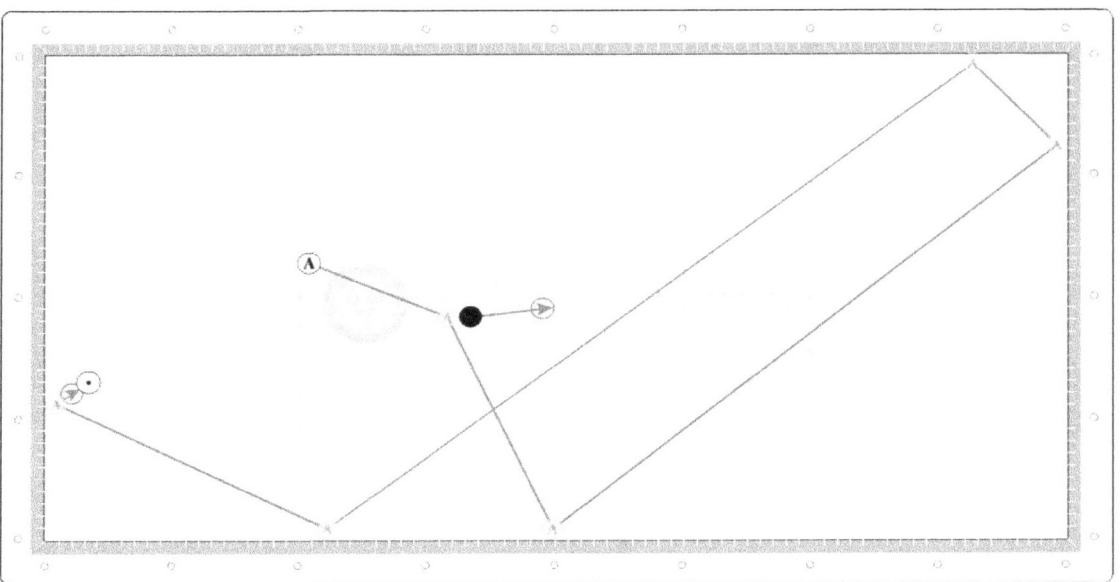

C:4c – Setup

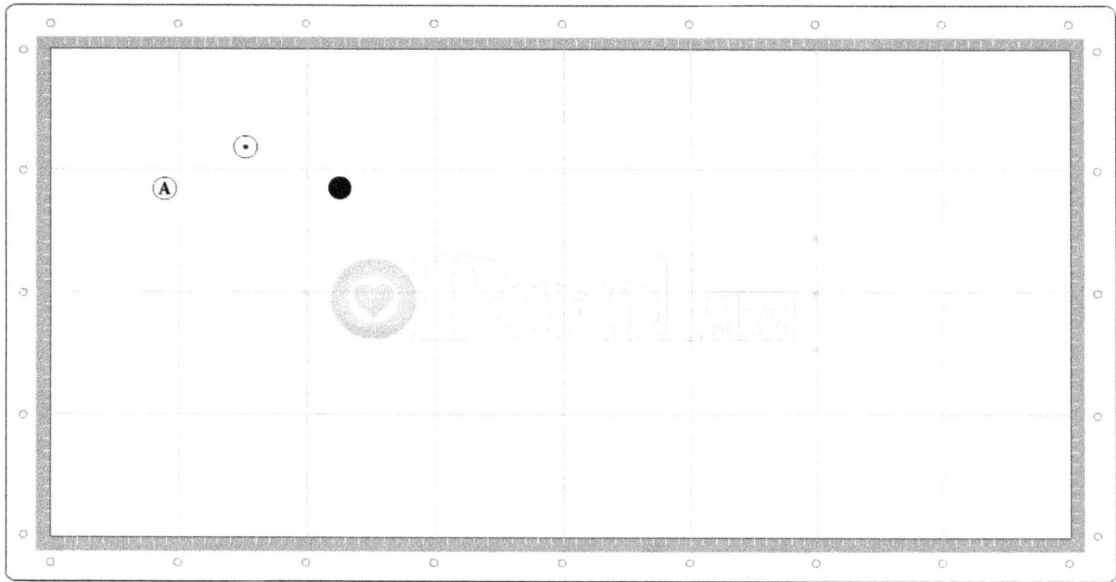

Noter og ideer:

Afspilning mønster

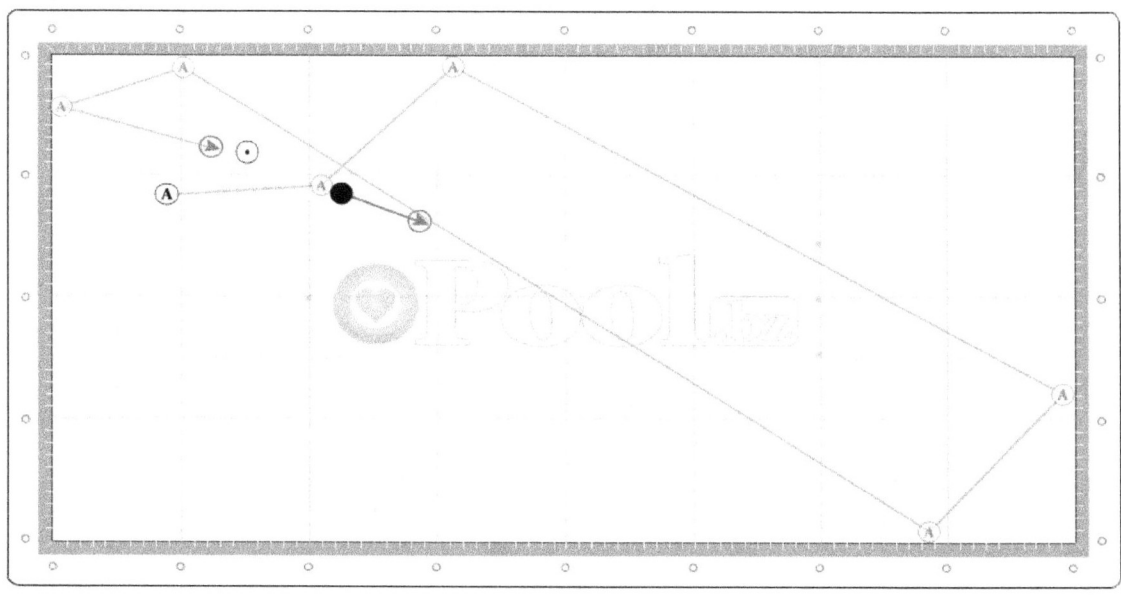

C:4d – Setup

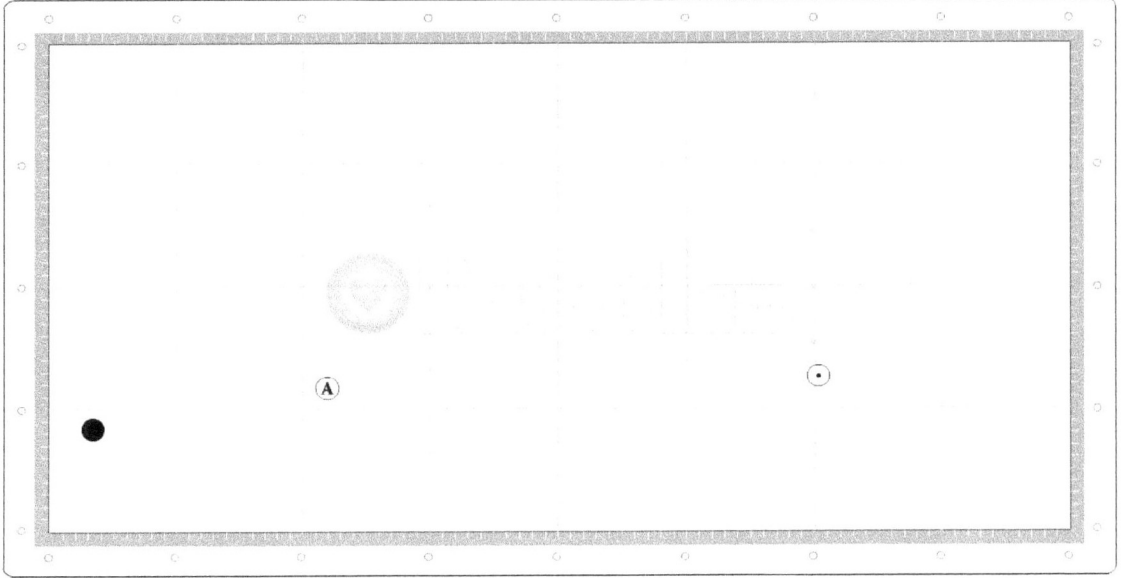

Noter og ideer:

Afspilning mønster

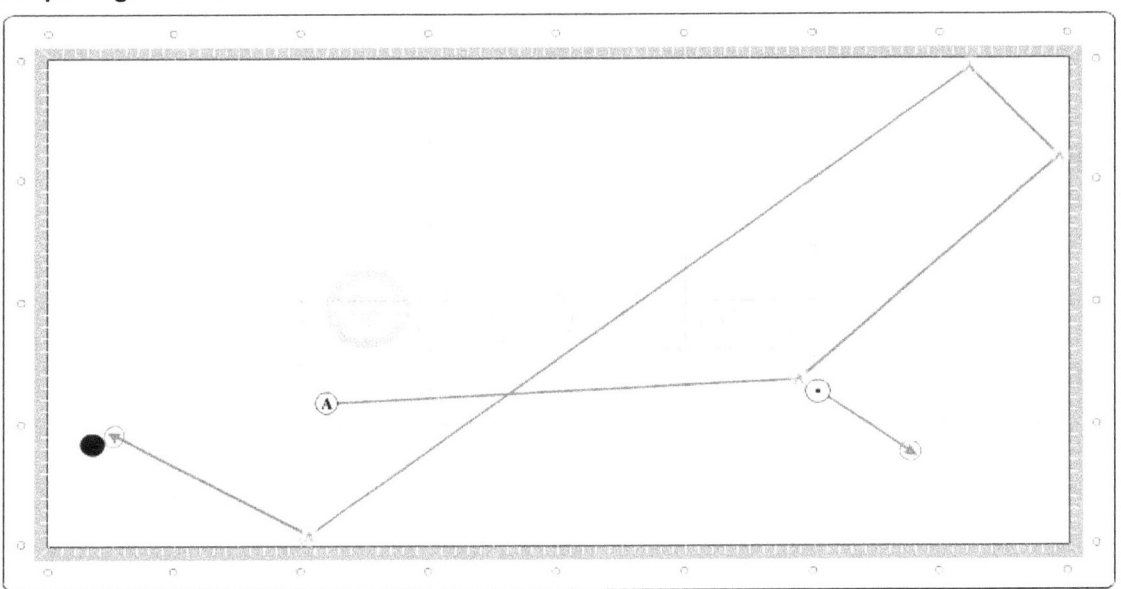

C: Gruppe 5

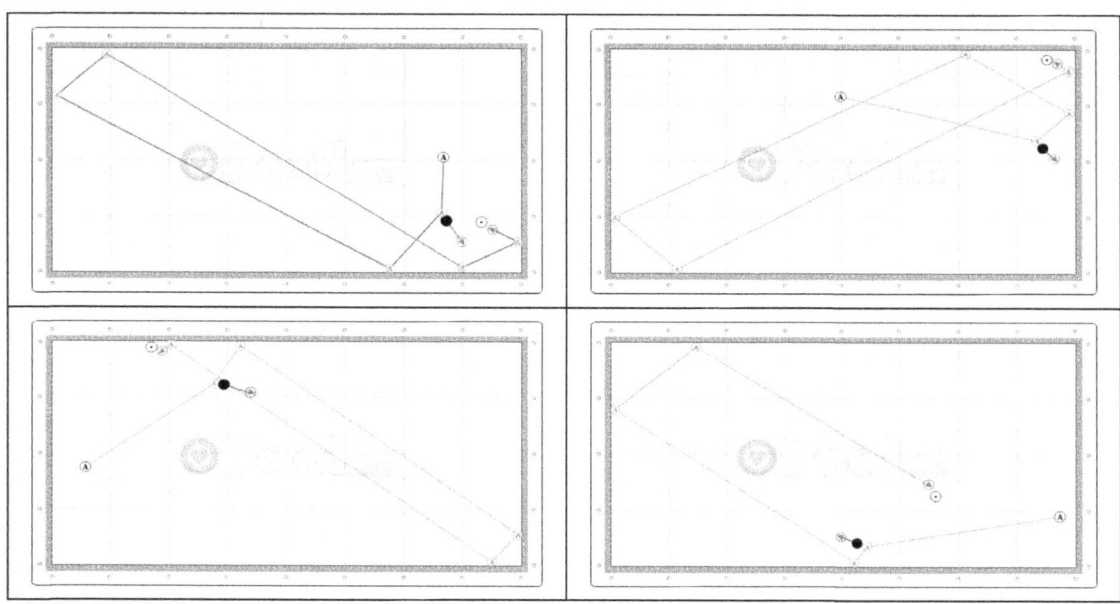

Analyse:

C:5a. _____

C:5b. _____

C:5c. _____

C:5d. _____

C:5a – Setup

Noter og ideer:

Afspilning mønster

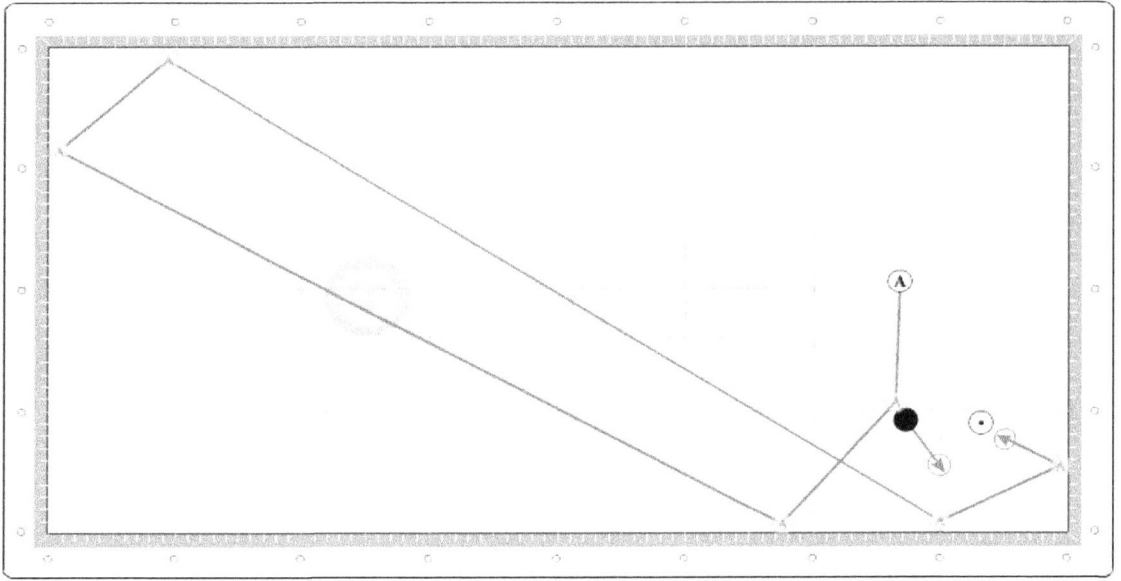

C:5b – Setup

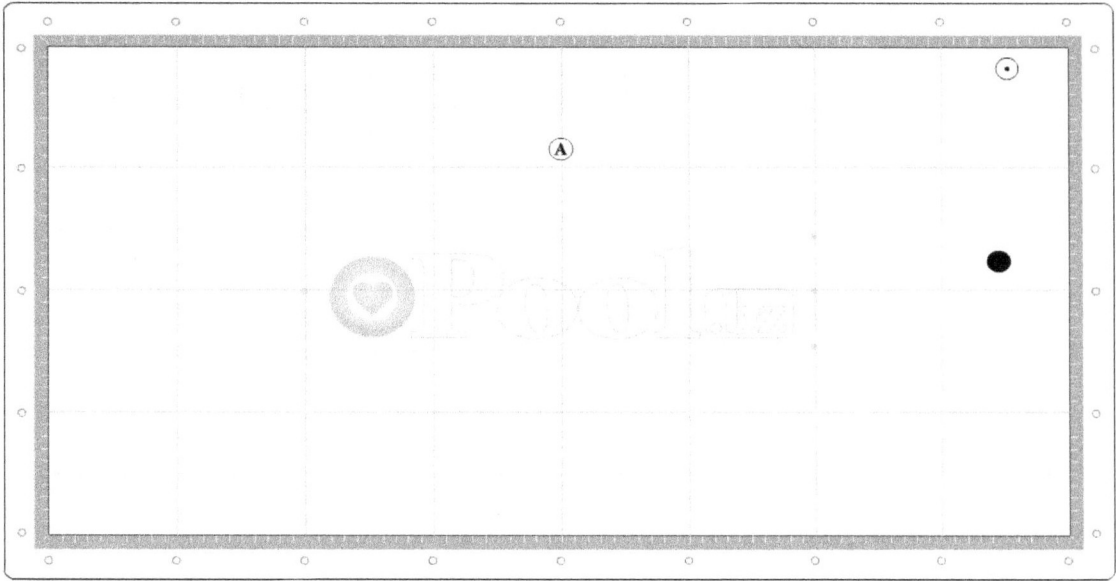

Noter og ideer:

Afspilning mønster

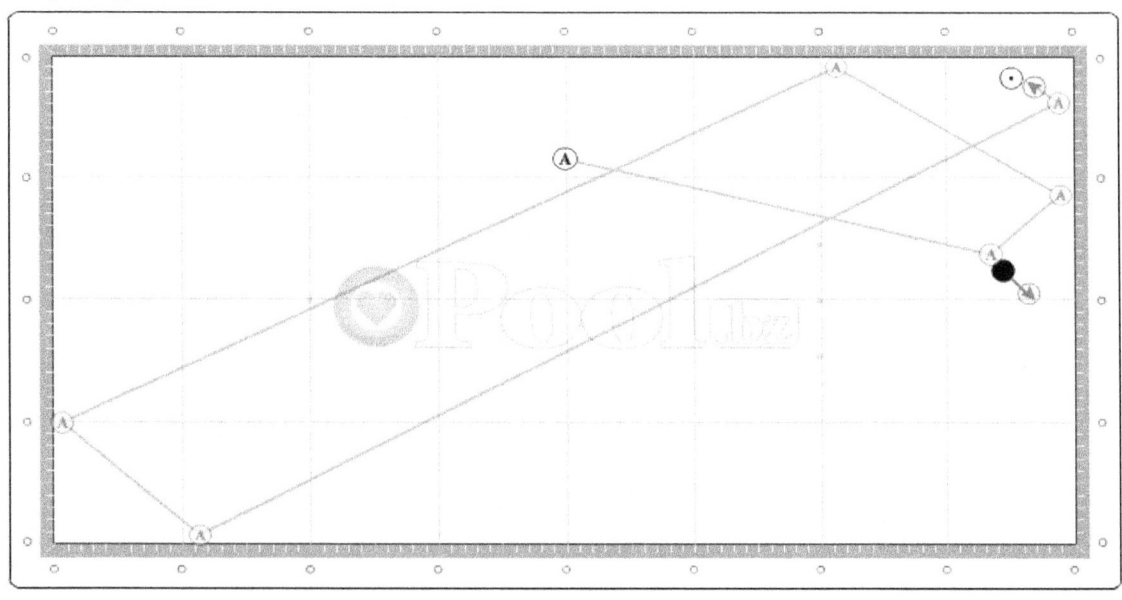

C:5c – Setup

Noter og ideer:

Afspilning mønster

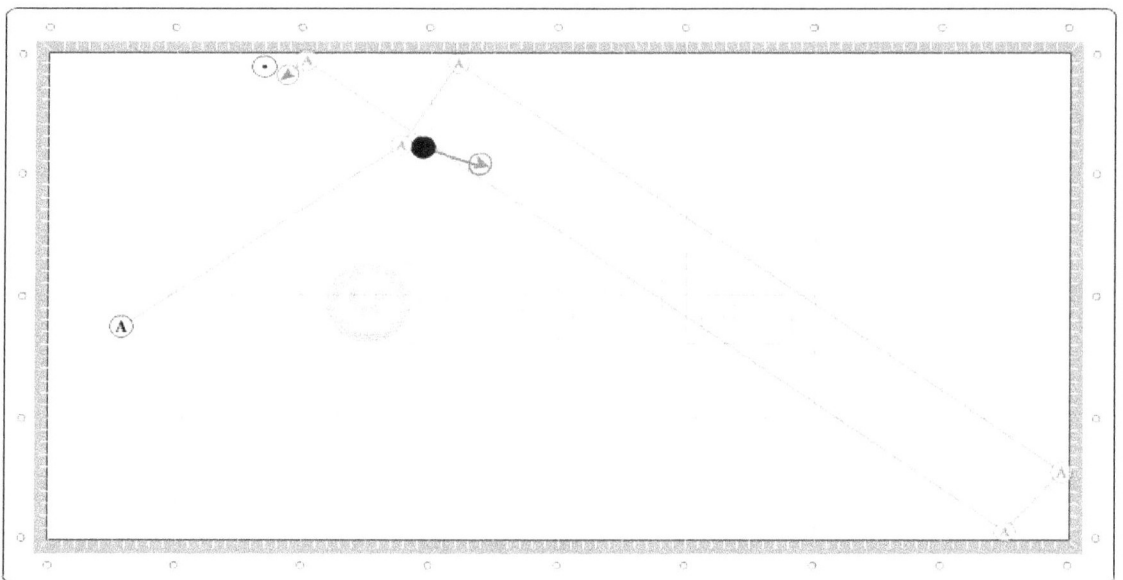

C:5d – Setup

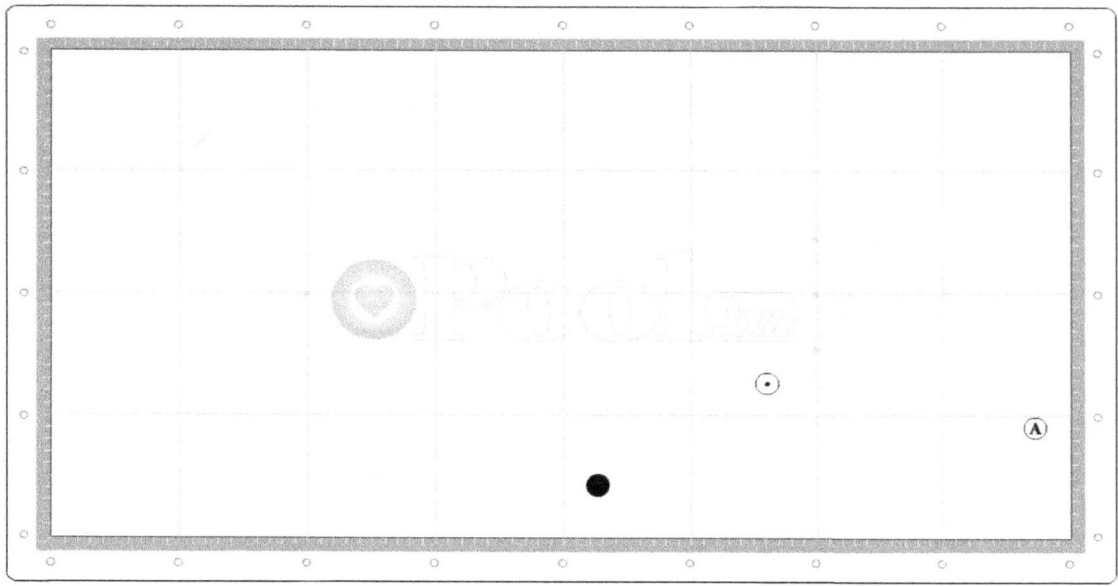

Noter og ideer:

Afspilning mønster

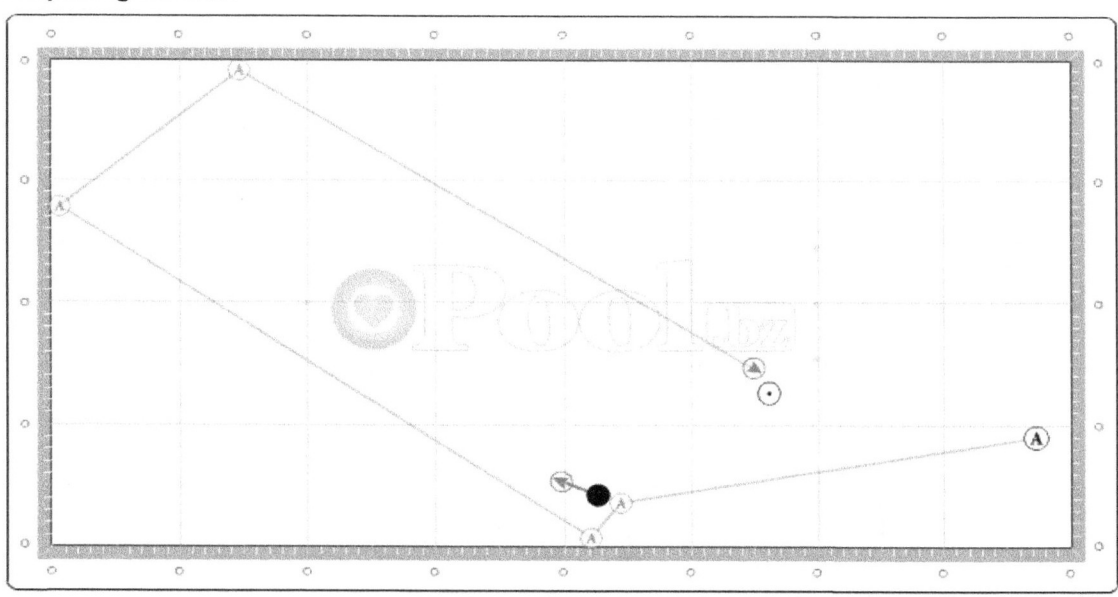

D: Dobbelt diagonaler

Den (CB) kommer ud af den første (OB) i et af hjørnerne. Det kommer ud og leder til det modsatte hjørne. De indgående og udgående stier er ikke parallelle.

(A) (CB) (din billardkugle) – (•) (OB) (modstander billardkugle) – ● (OB) (rød billardkugle)

D: Gruppe 1

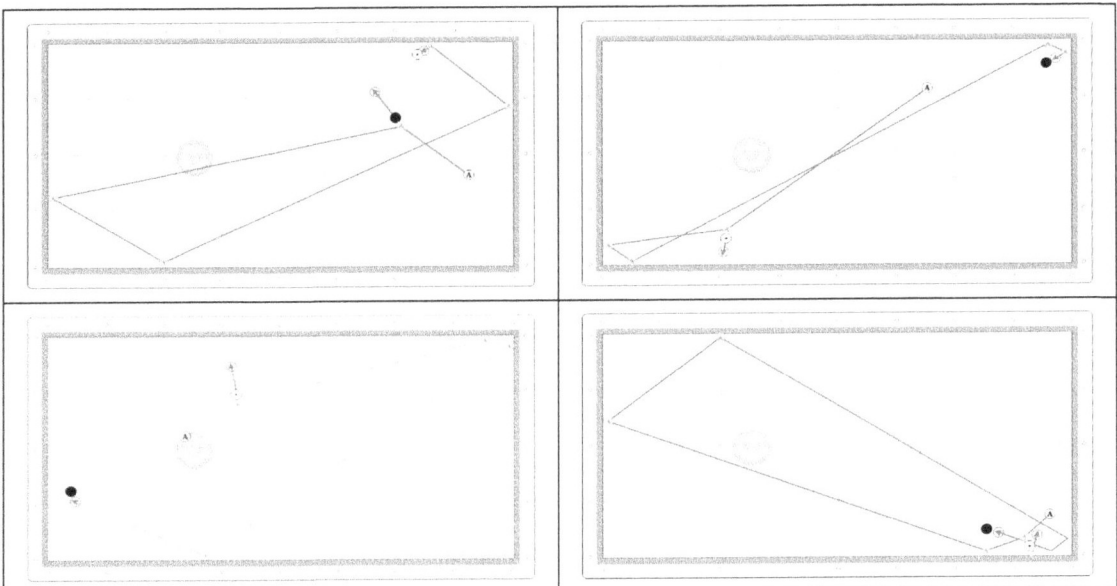

Analyse:

D:1a. _____

D:1b. _____

D:1c. _____

D:1d. _____

D:1a – Setup

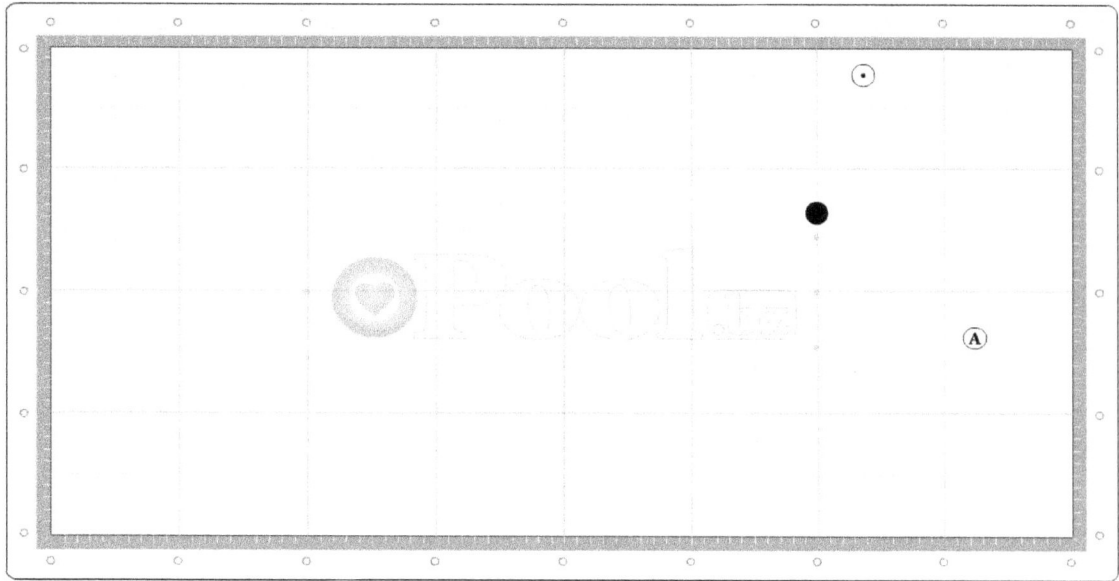

Noter og ideer:

Afspilning mønster

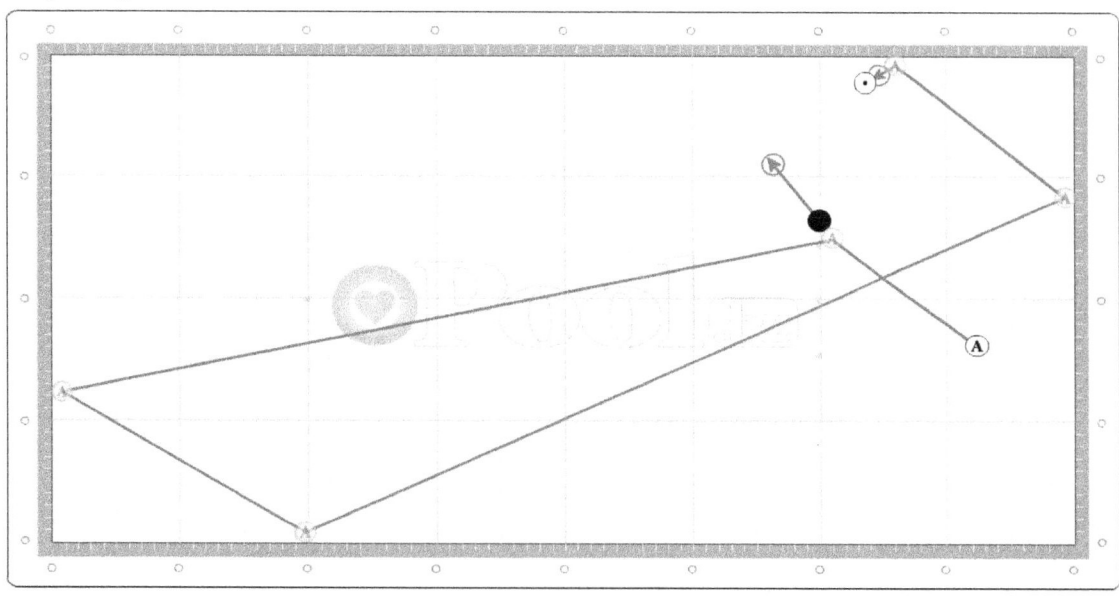

D:1b – Setup

Noter og ideer:

Afspilning mønster

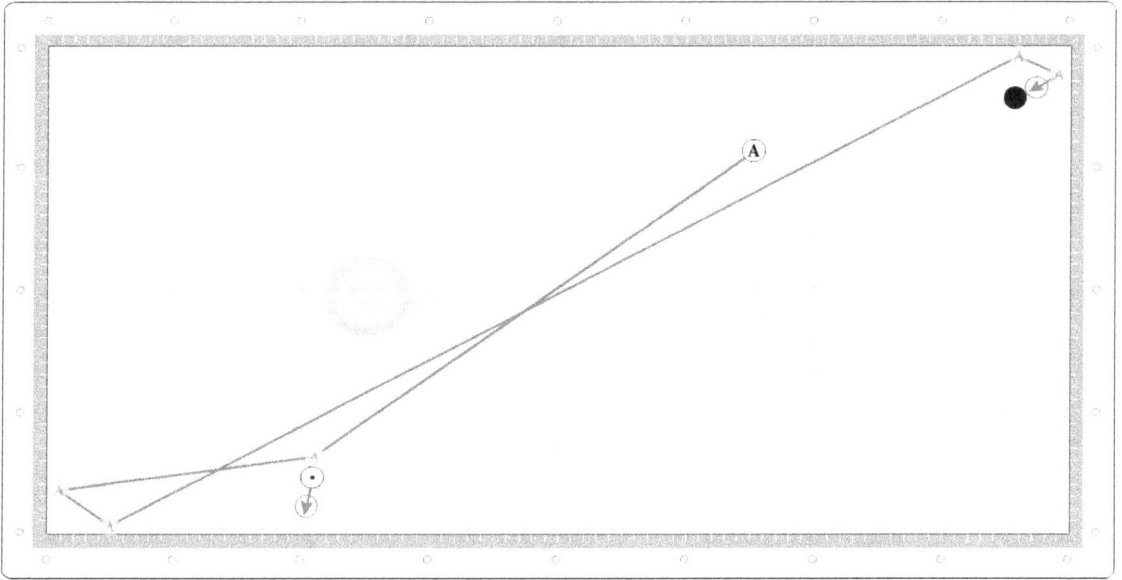

D:1c – Setup

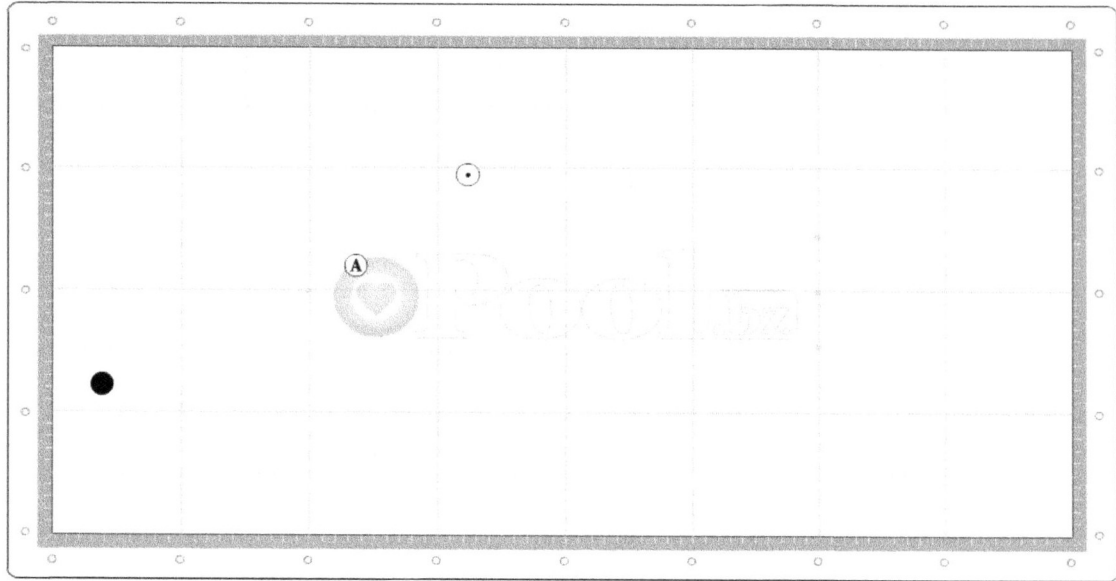

Noter og ideer:

Afspilning mønster

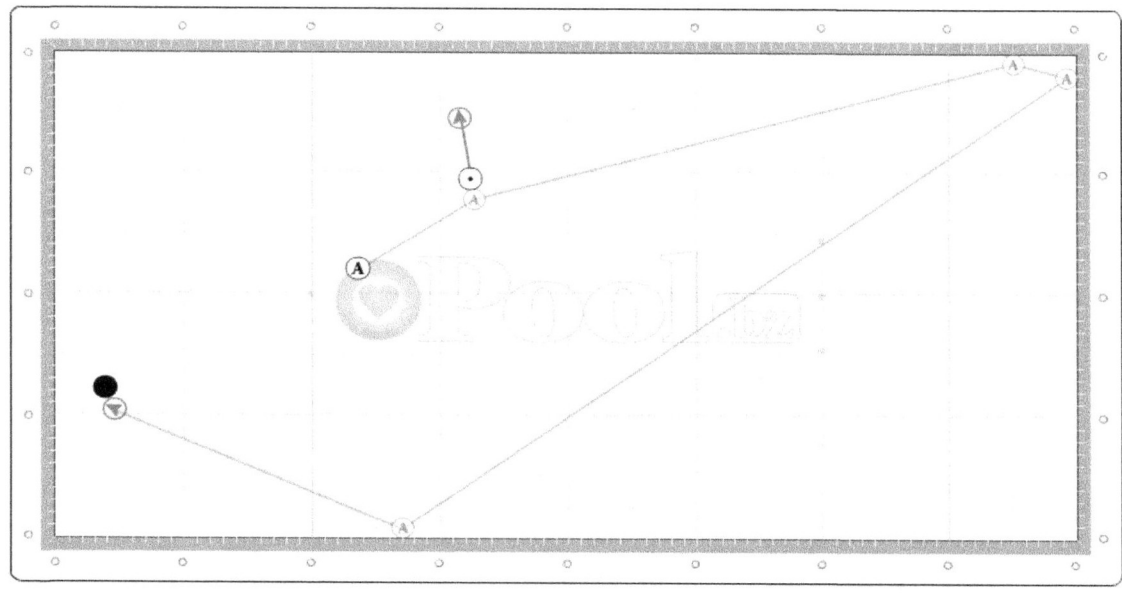

D:1d – Setup

Noter og ideer:

Afspilning mønster

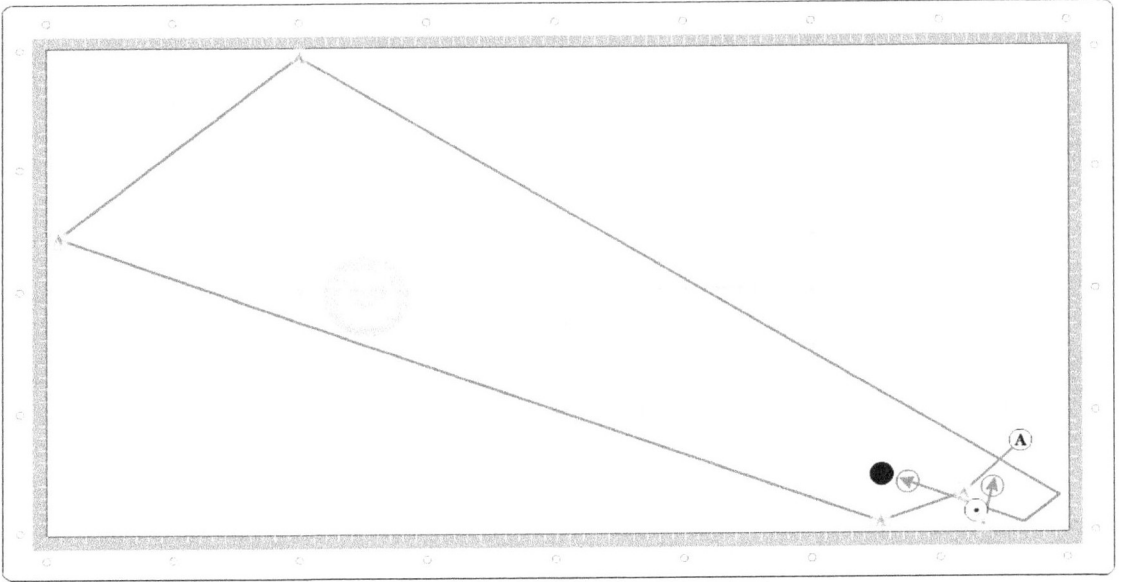

3-bande carambole: Hjørne til hjørne diagonale mønstre

D: Gruppe 2

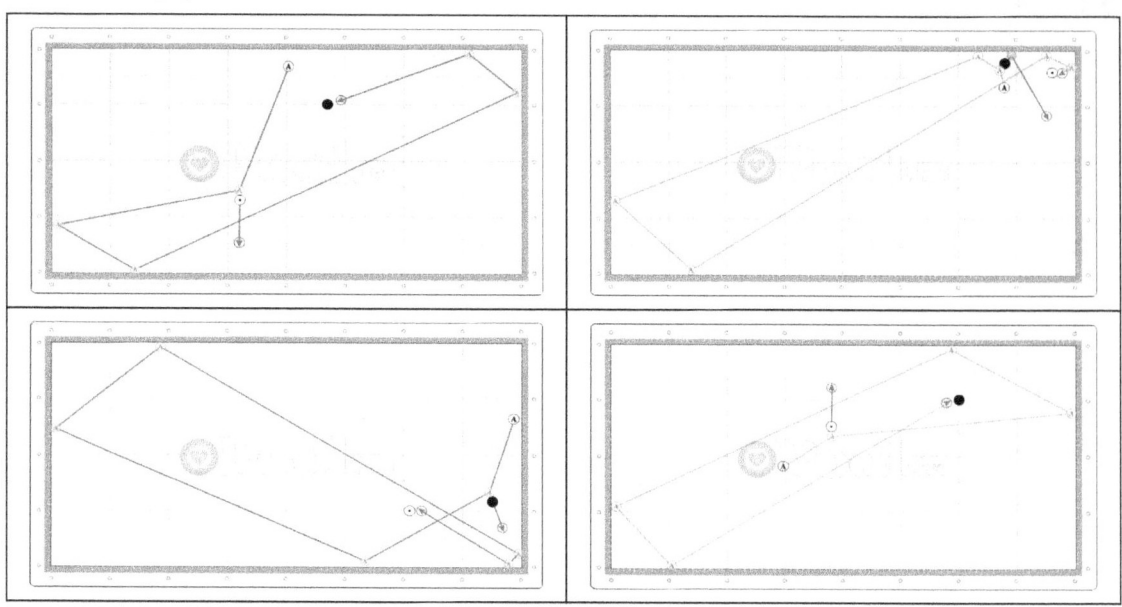

Analyse:

D:2a. _____

D:2b. _____

D:2c. _____

D:2d. _____

D:2a – Setup

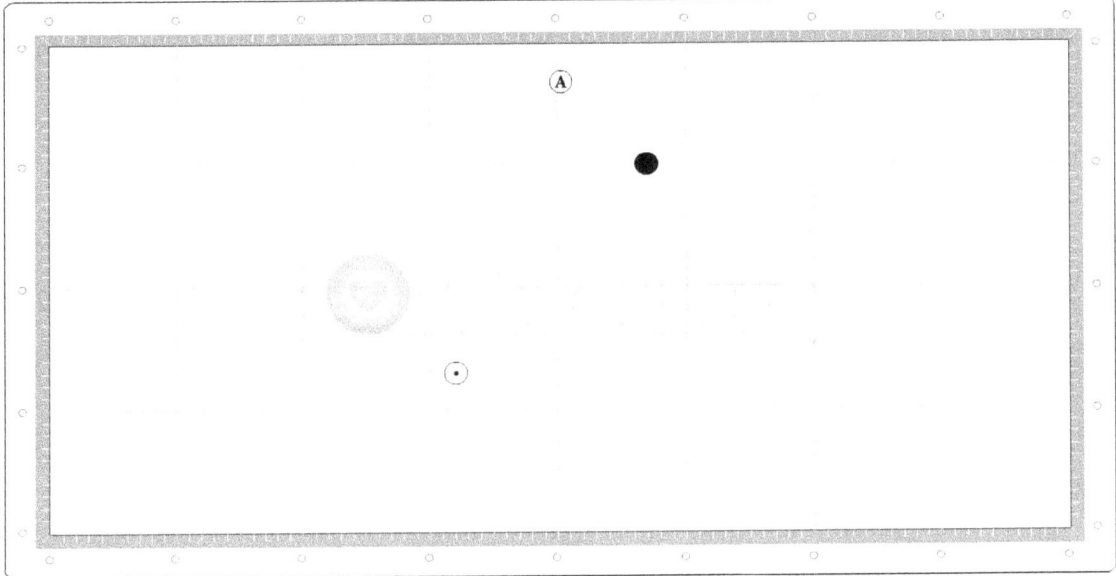

Noter og ideer:

Afspilning mønster

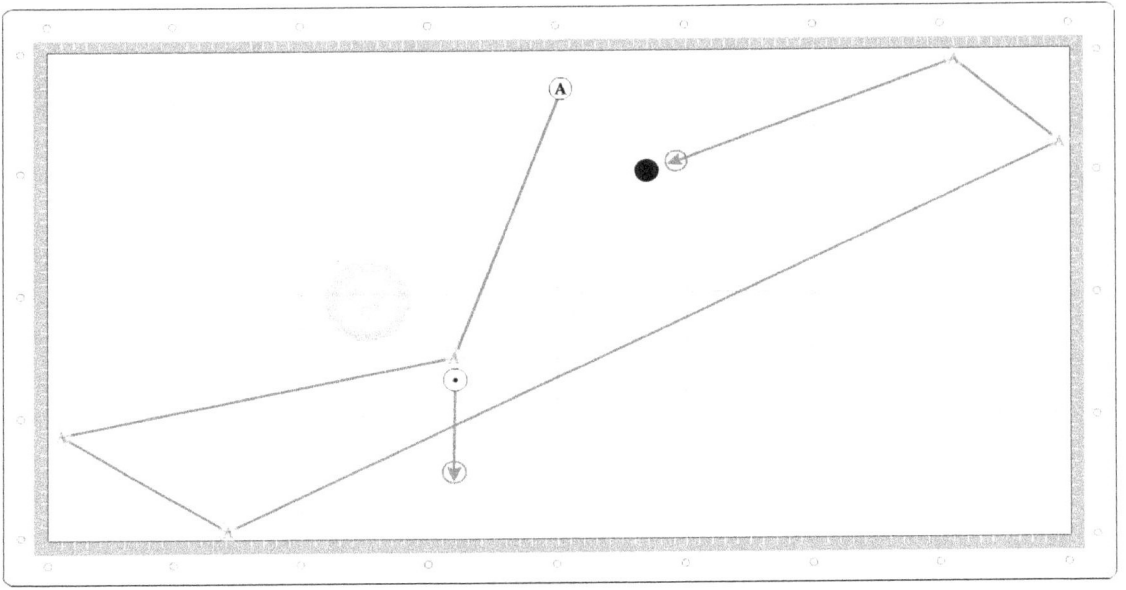

D:2b – Setup

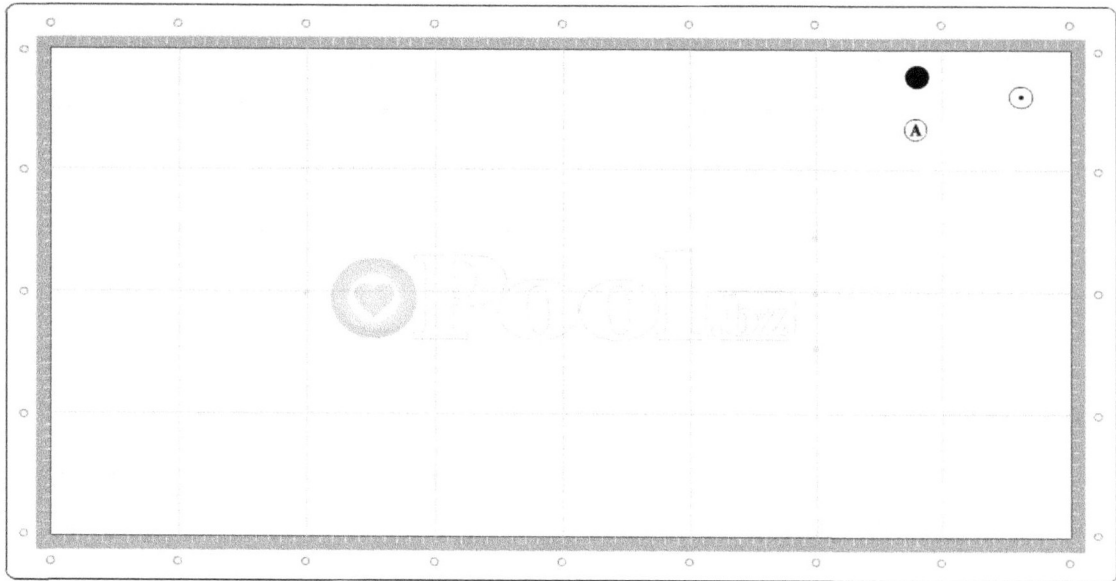

Noter og ideer:

Afspilning mønster

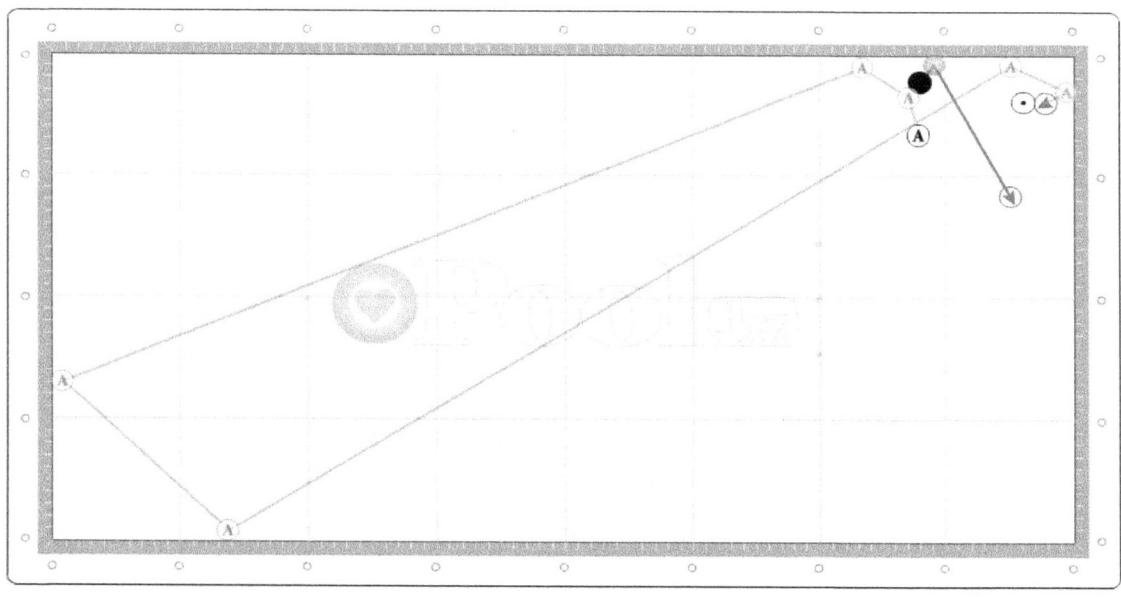

3-bande carambole: Hjørne til hjørne diagonale mønstre

D:2c – Setup

Noter og ideer:

Afspilning mønster

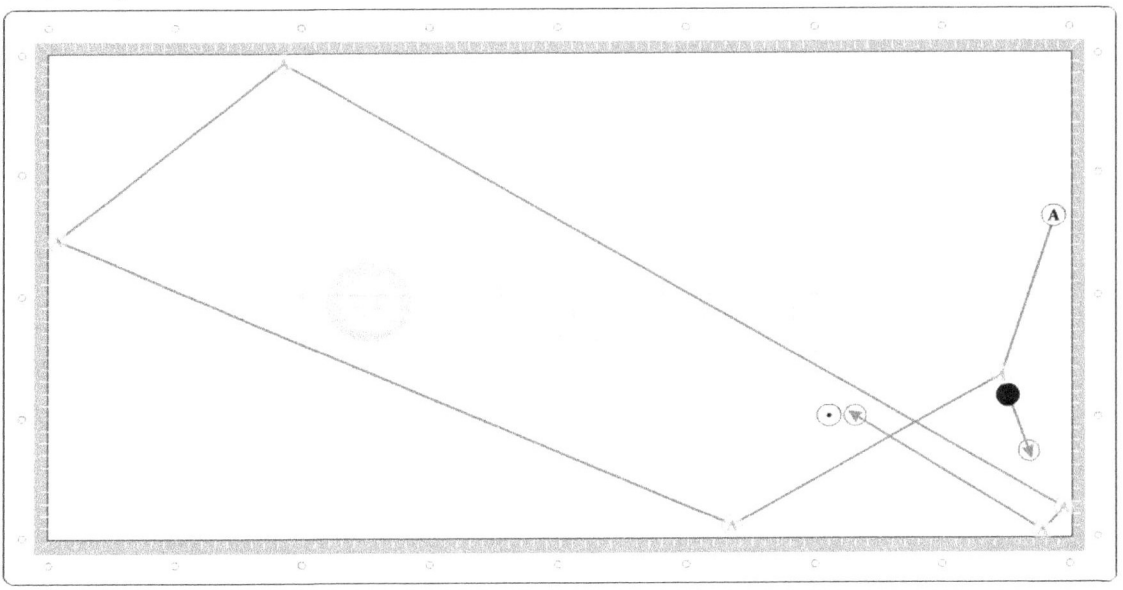

D:2d – Setup

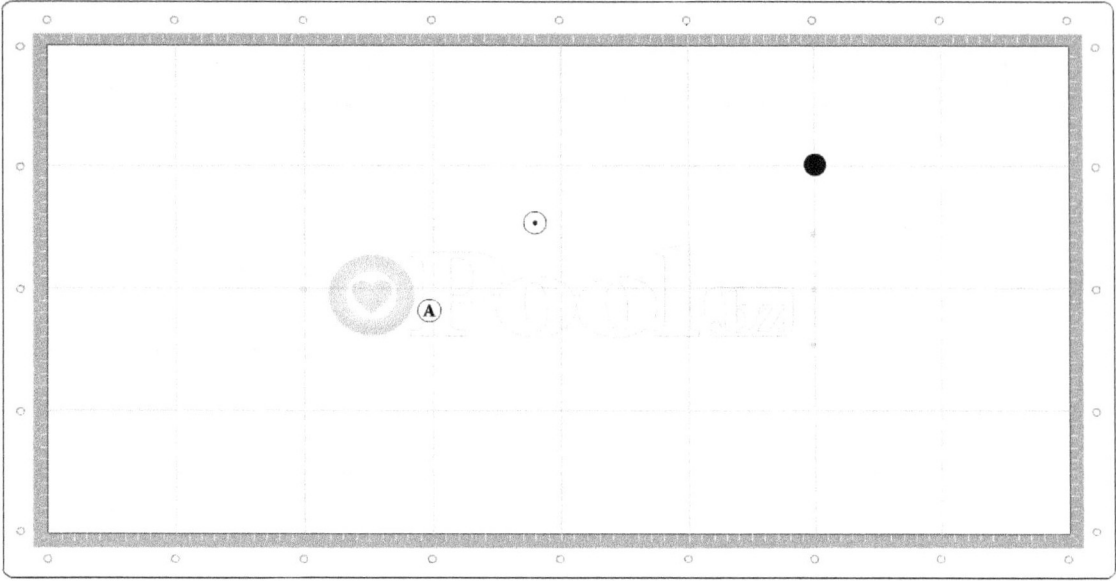

Noter og ideer:

Afspilning mønster

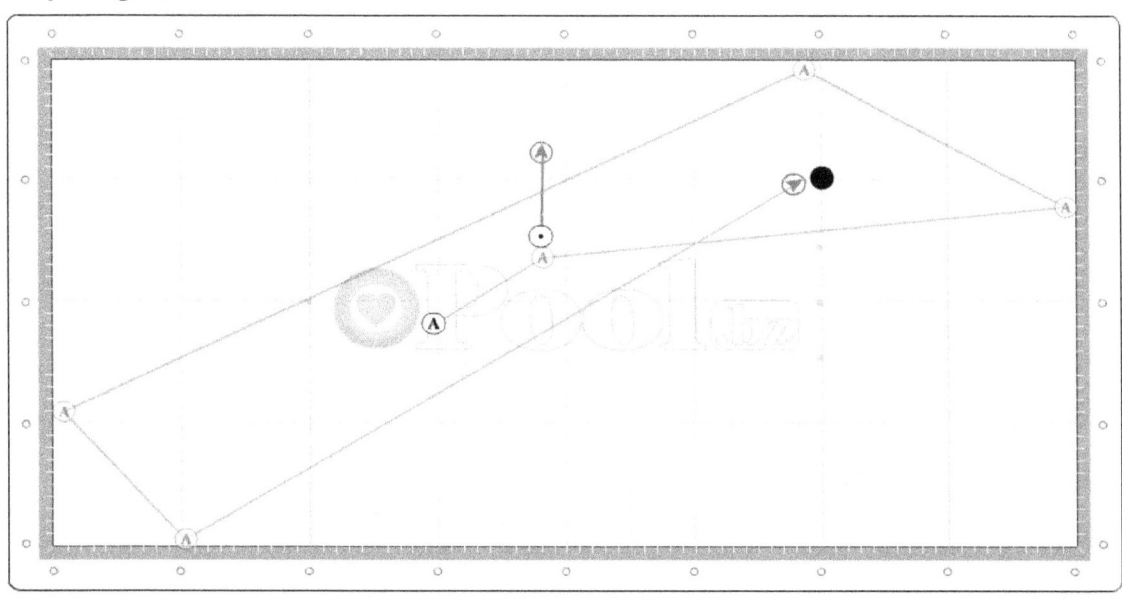

D: Gruppe 3

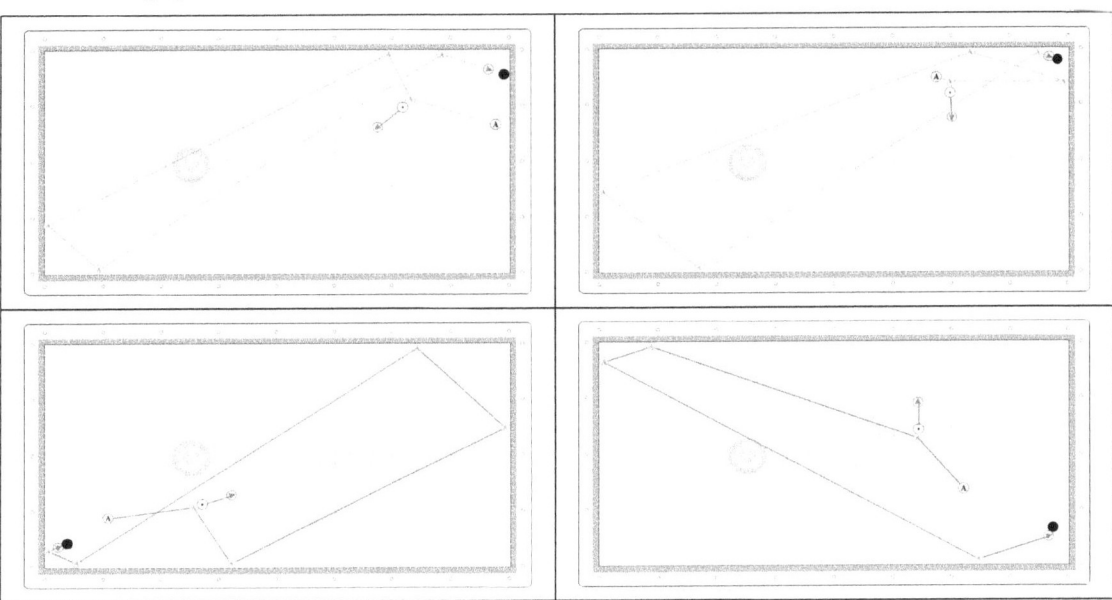

Analyse:

D:3a. _____

D:3b. _____

D:3c. _____

D:3d. _____

D:3a – Setup

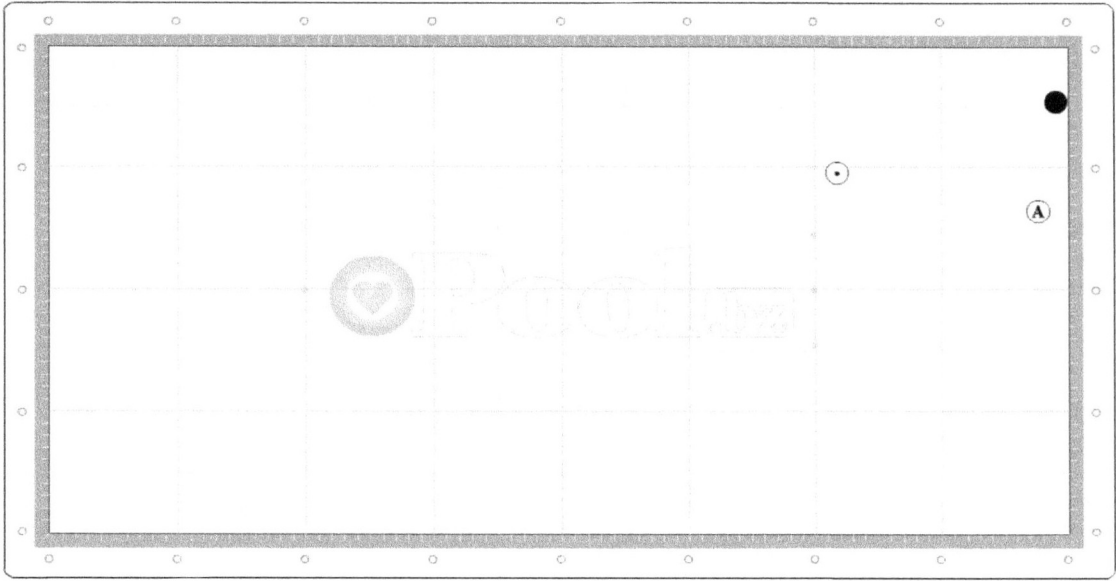

Noter og ideer:

Afspilning mønster

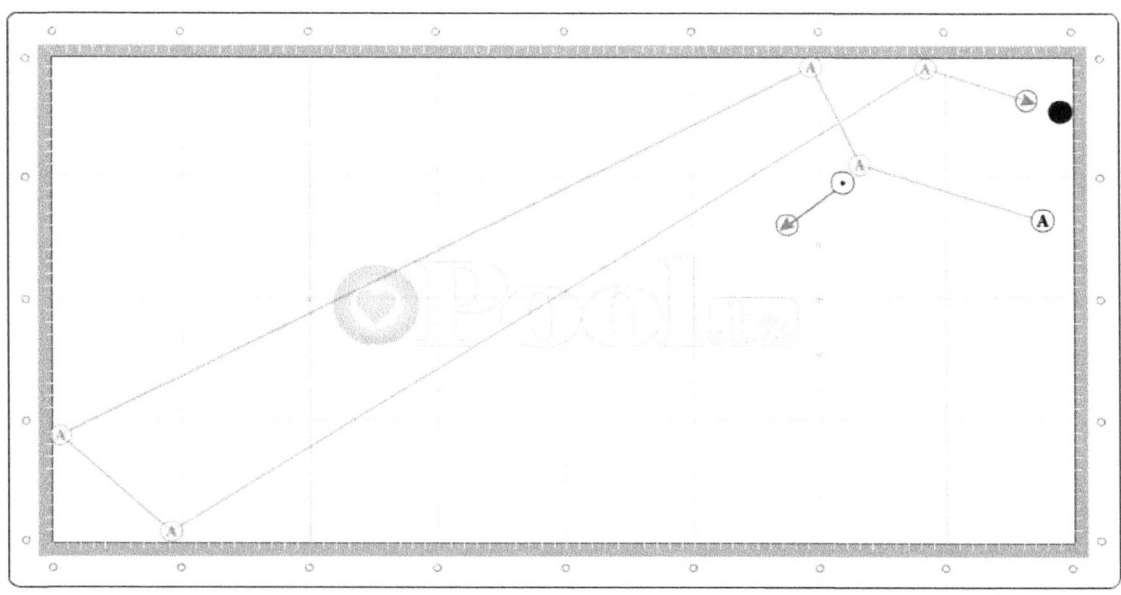

D:3b – Setup

Noter og ideer:

Afspilning mønster

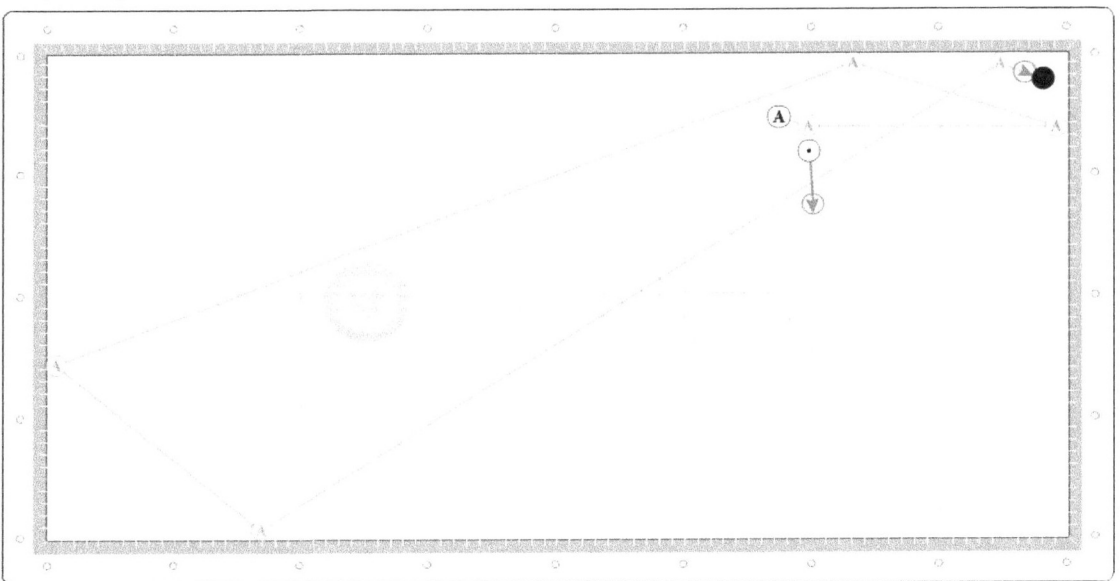

D:3c – Setup

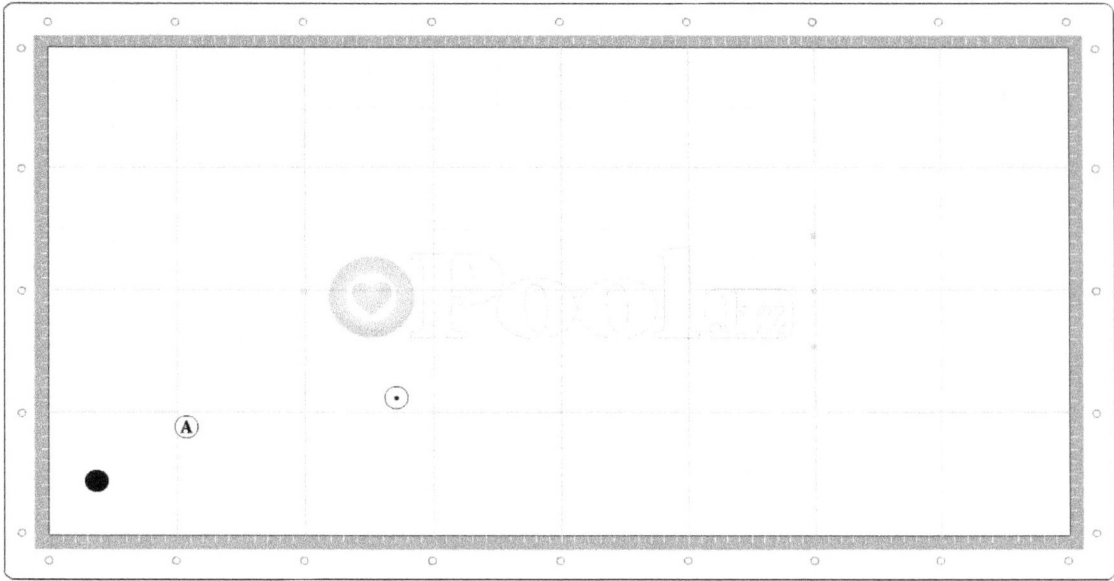

Noter og ideer:

Afspilning mønster

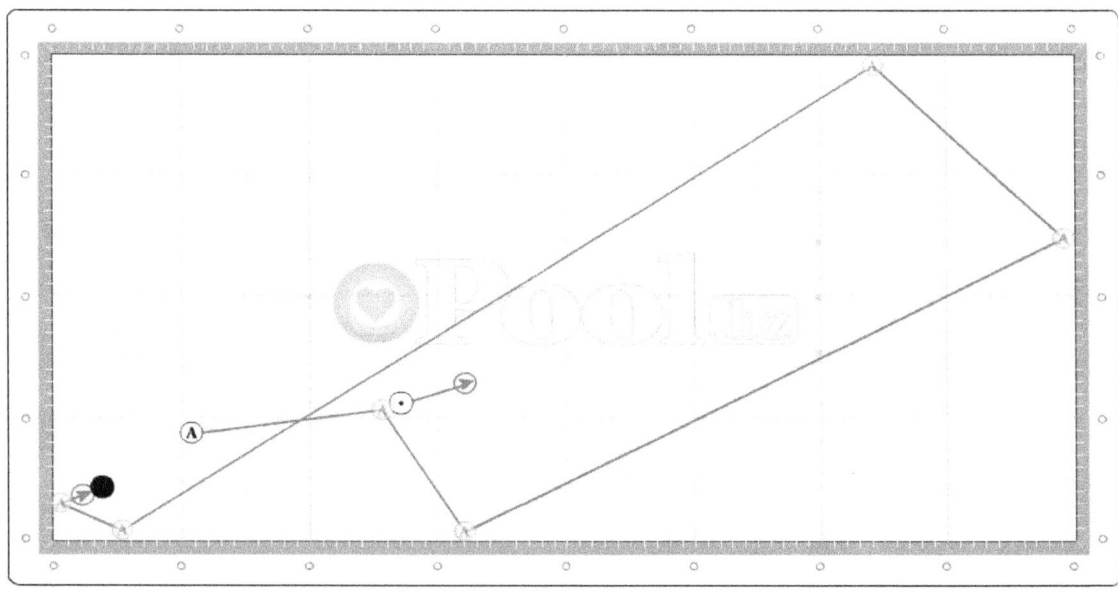

D:3d – Setup

Noter og ideer:

Afspilning mønster

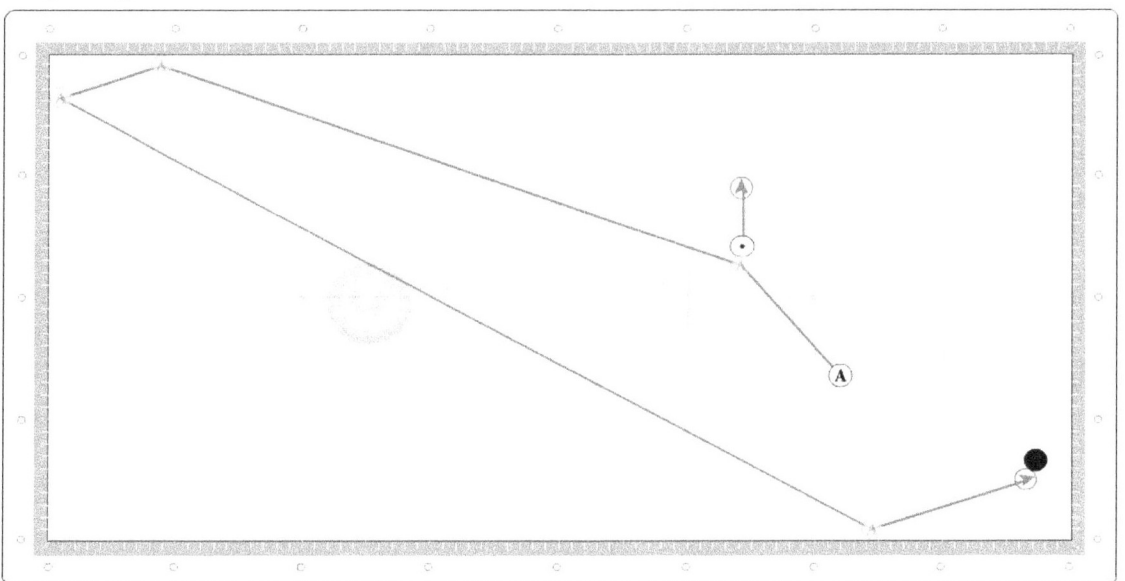

D: Gruppe 4

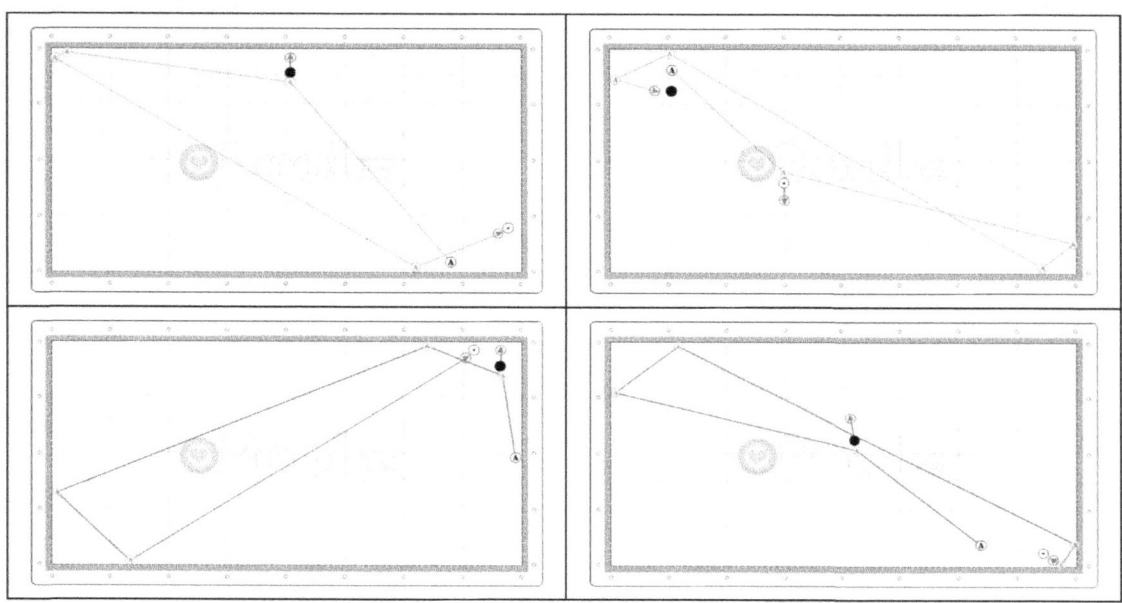

Analyse:

D:4a. _____

D:4b. _____

D:4c. _____

D:4d. _____

3-bande carambole: Hjørne til hjørne diagonale mønstre

D:4a – Setup

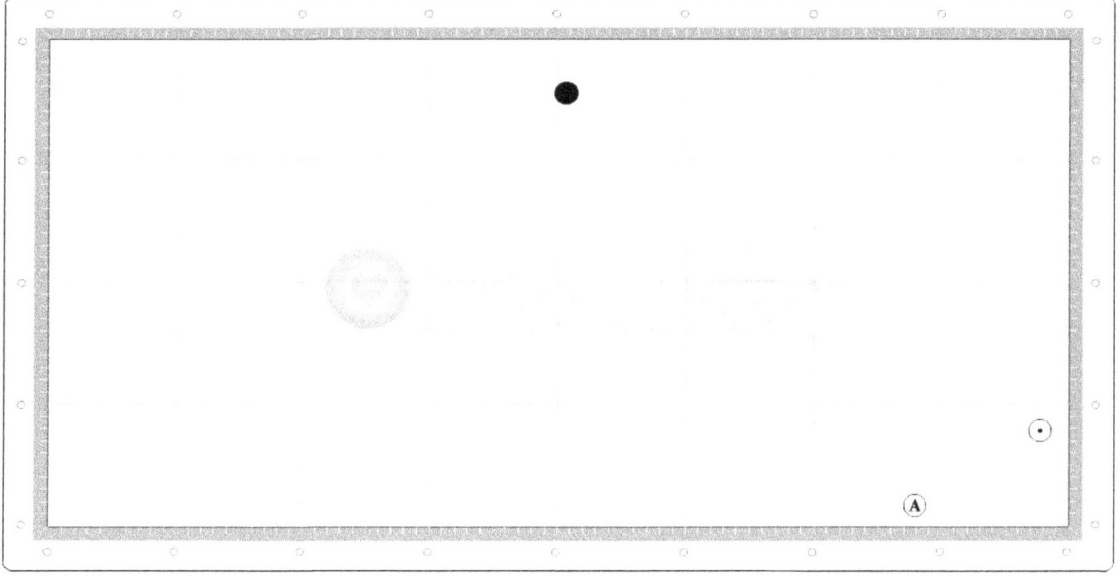

Noter og ideer:

Afspilning mønster

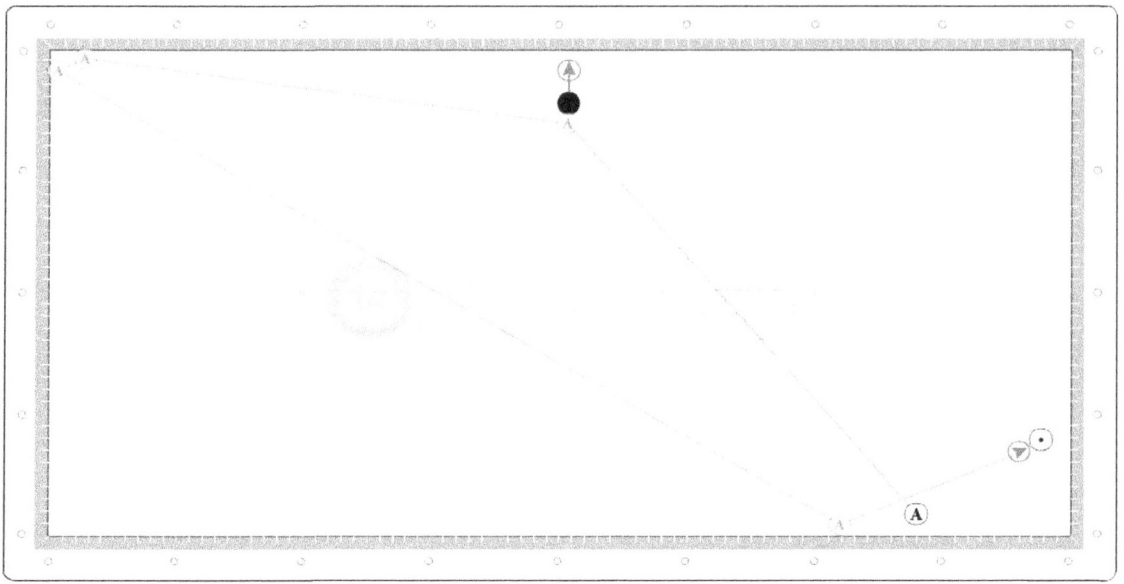

D:4b – Setup

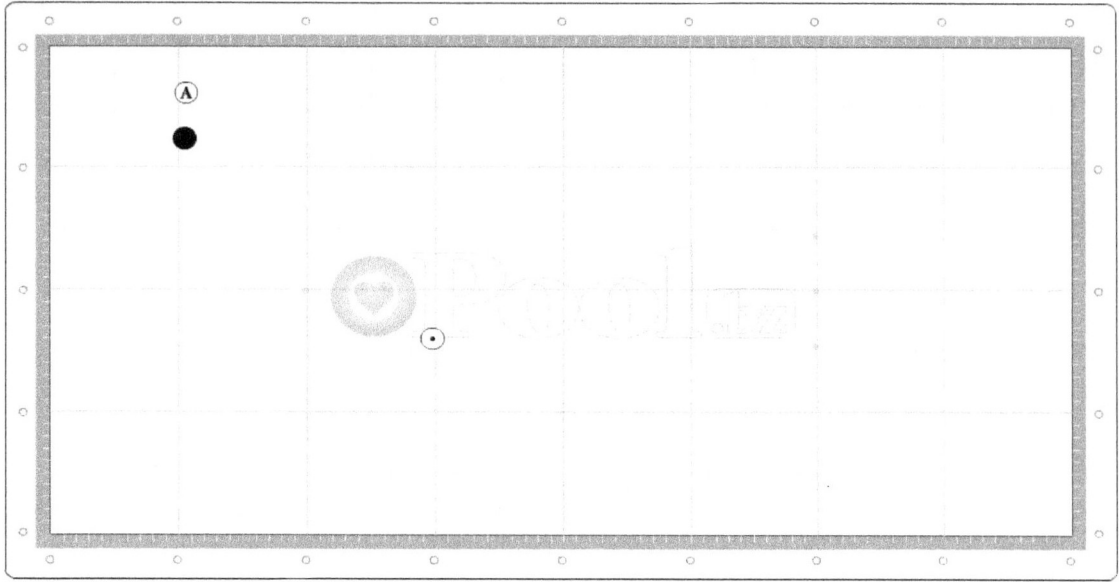

Noter og ideer:

Afspilning mønster

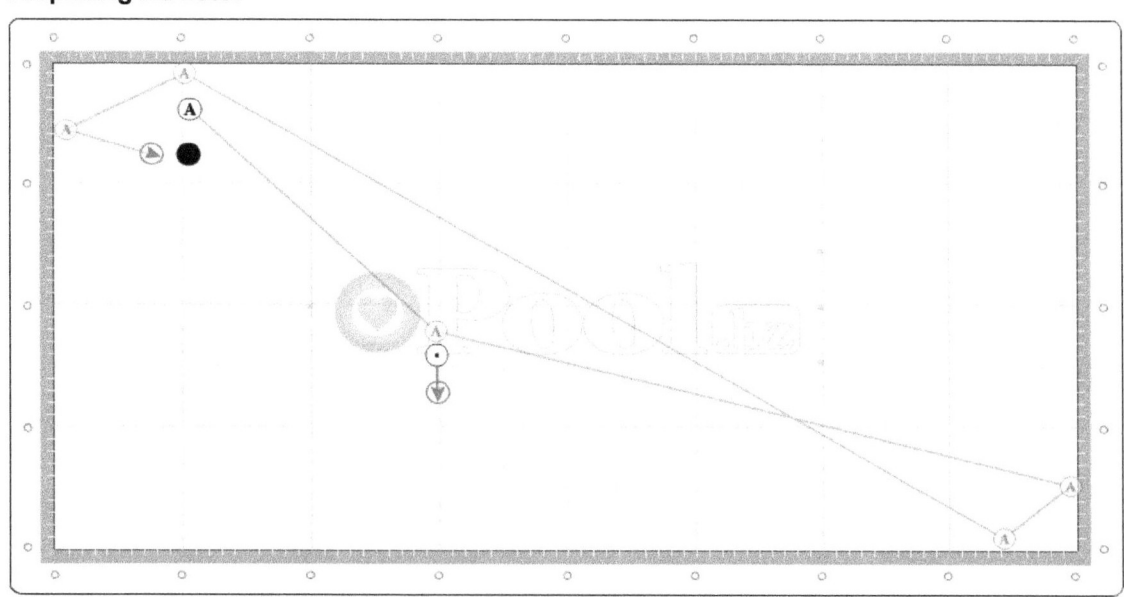

D:4c – Setup

Noter og ideer:

Afspilning mønster

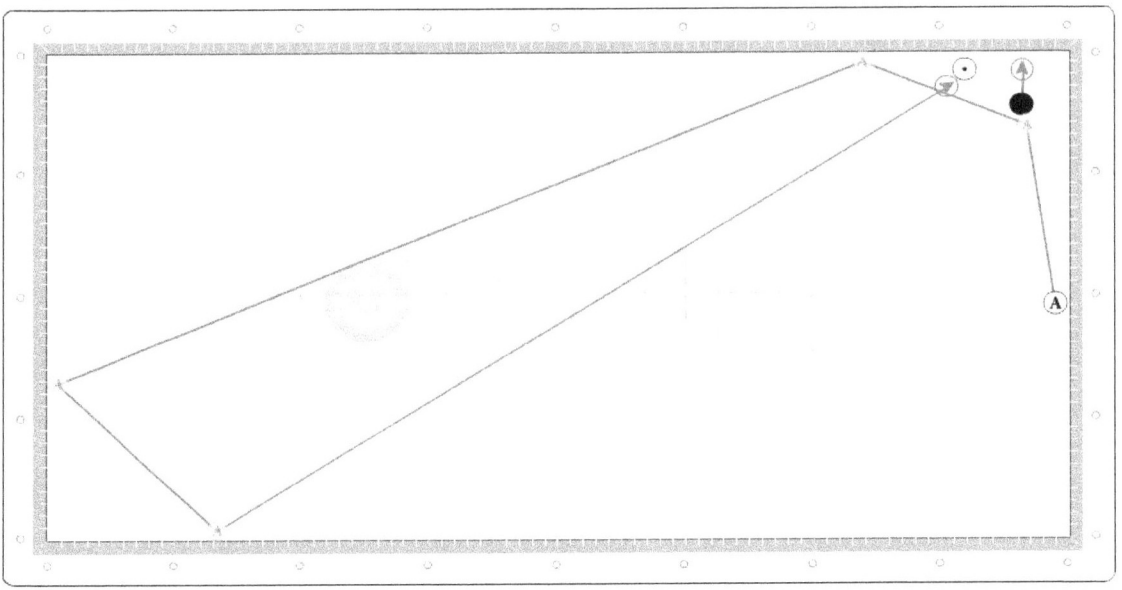

D:4d – Setup

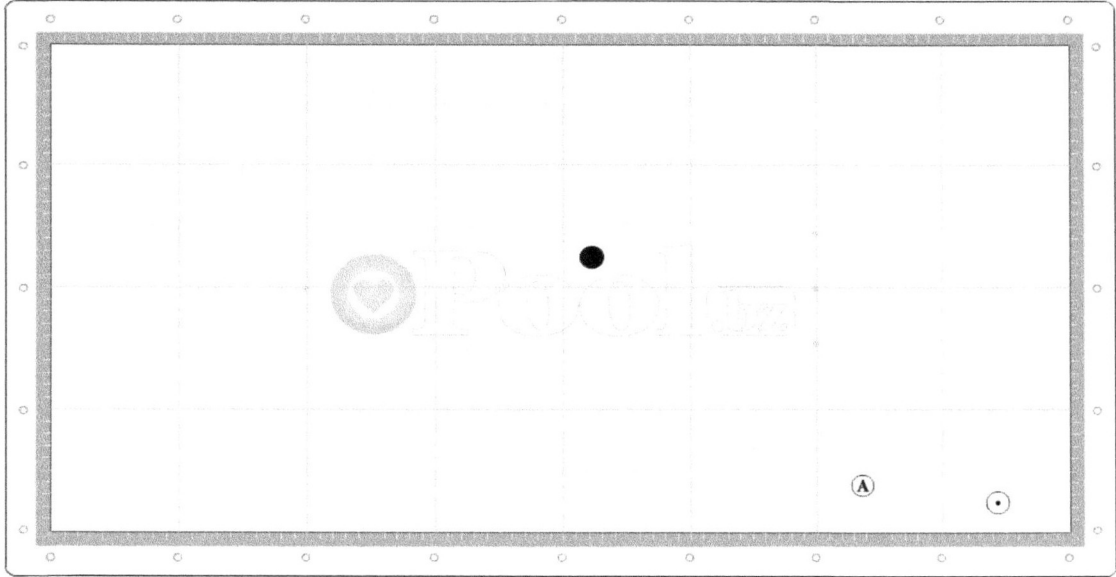

Noter og ideer:

Afspilning mønster

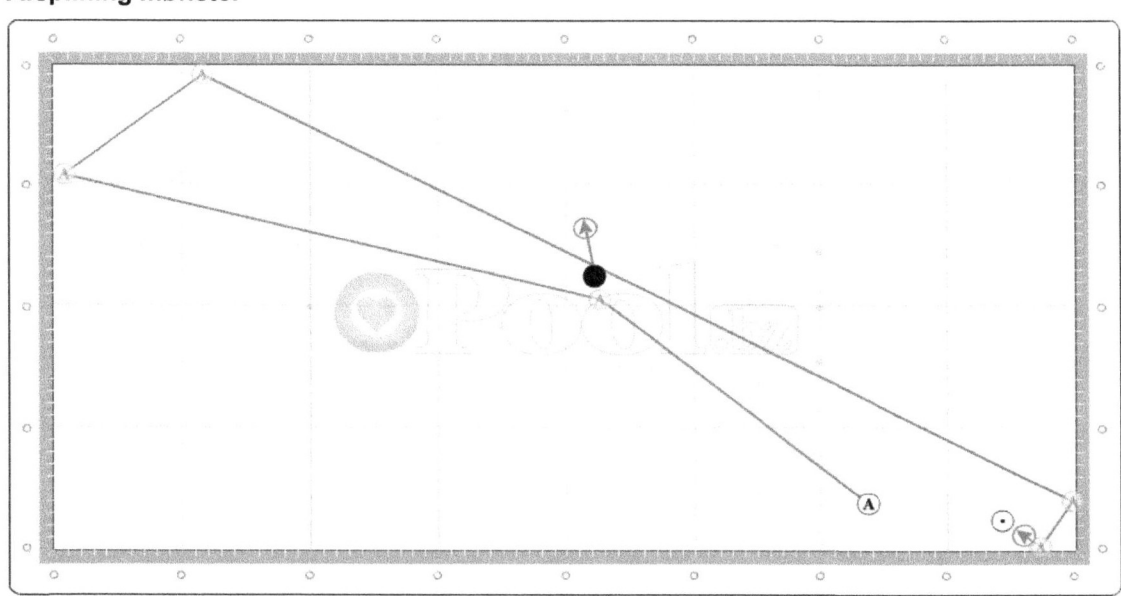

D: Gruppe 5

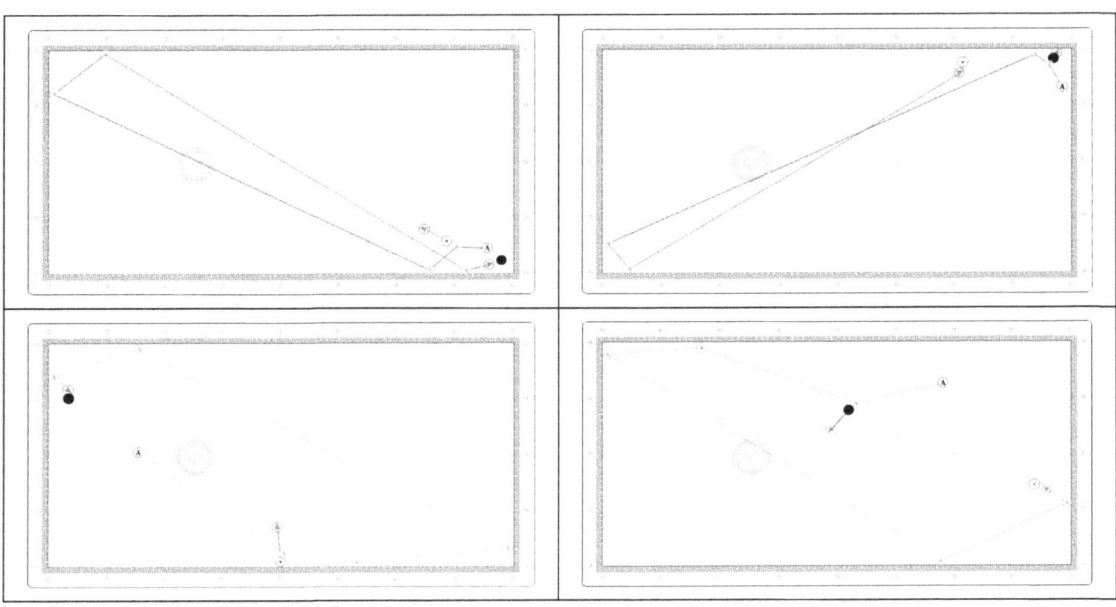

Analyse:

D:5a. _____

D:5b. _____

D:5c. _____

D:5d. _____

D:5a – Setup

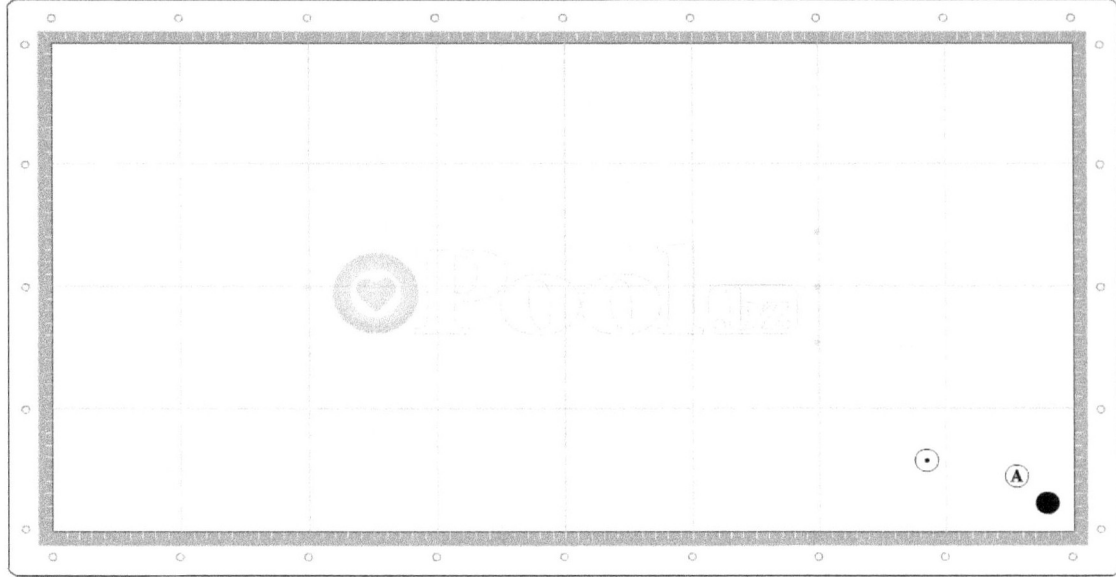

Noter og ideer:

Afspilning mønster

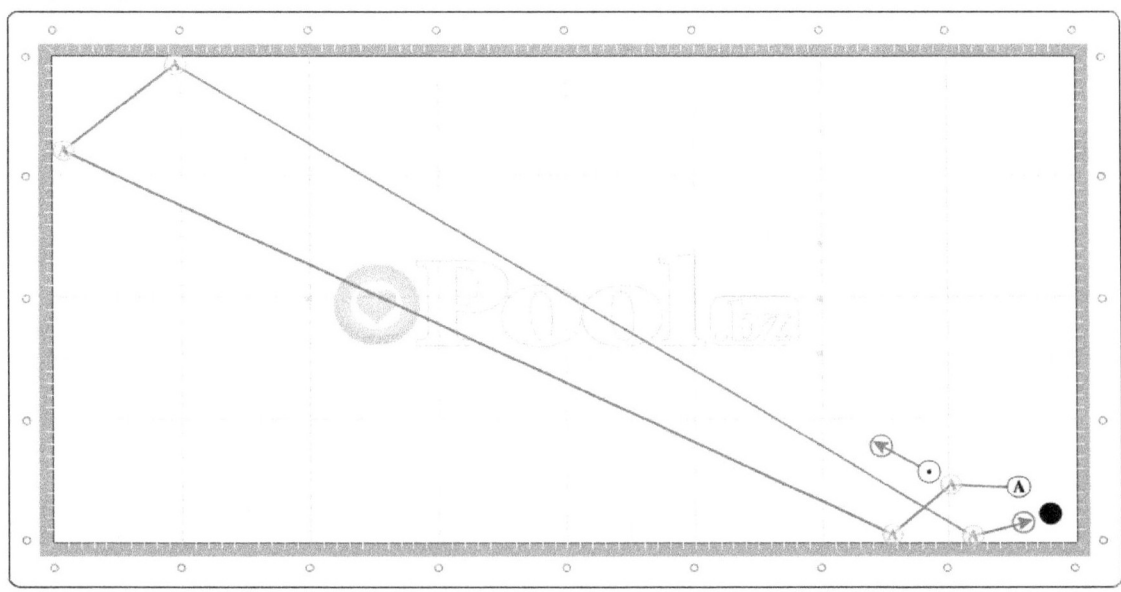

D:5b – Setup

Noter og ideer:

Afspilning mønster

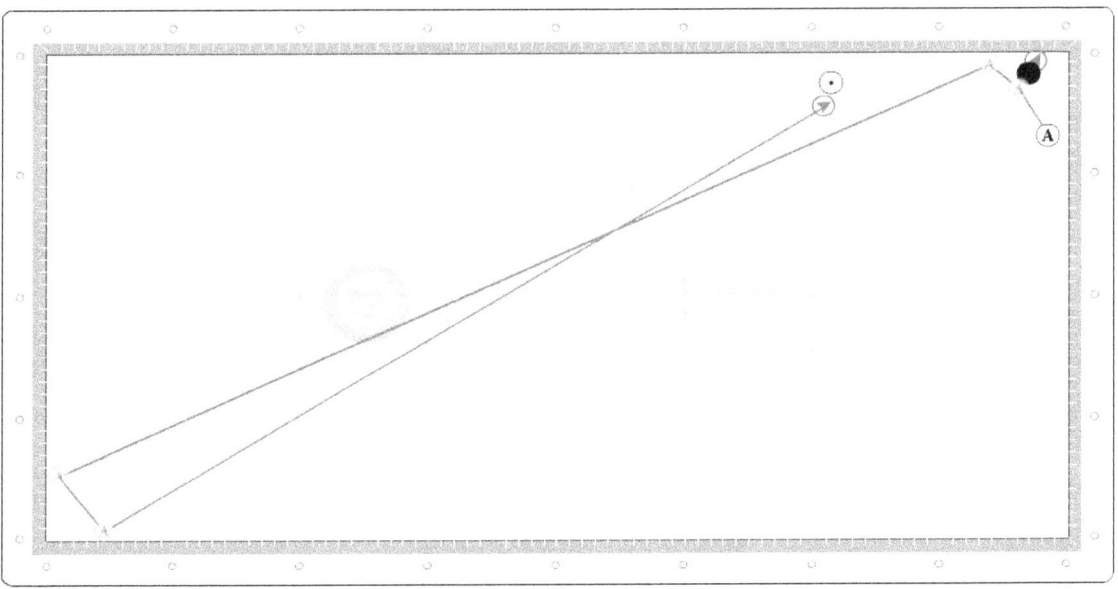

D:5c – Setup

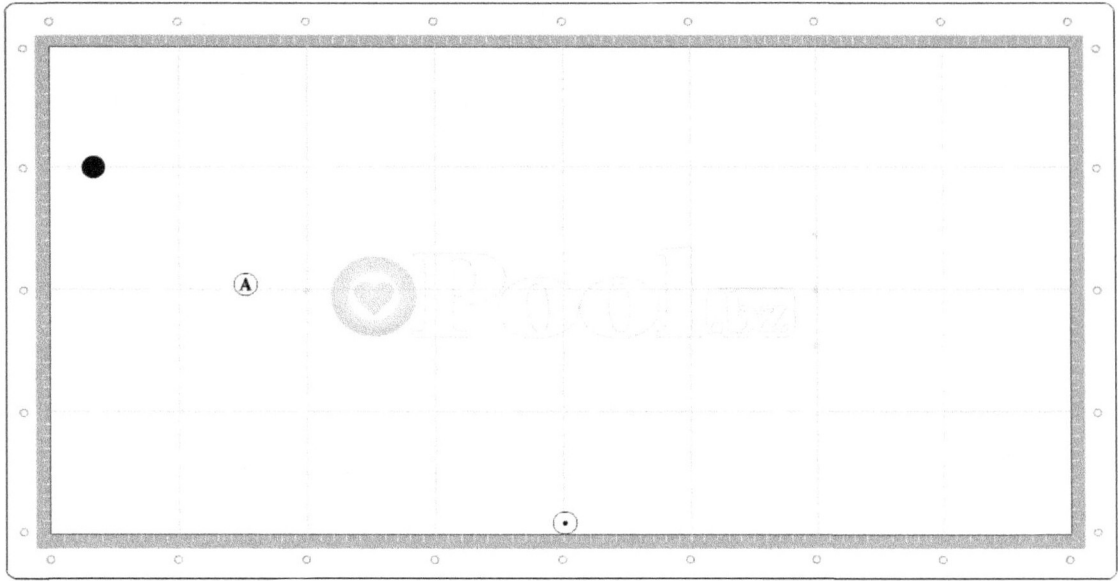

Noter og ideer:

Afspilning mønster

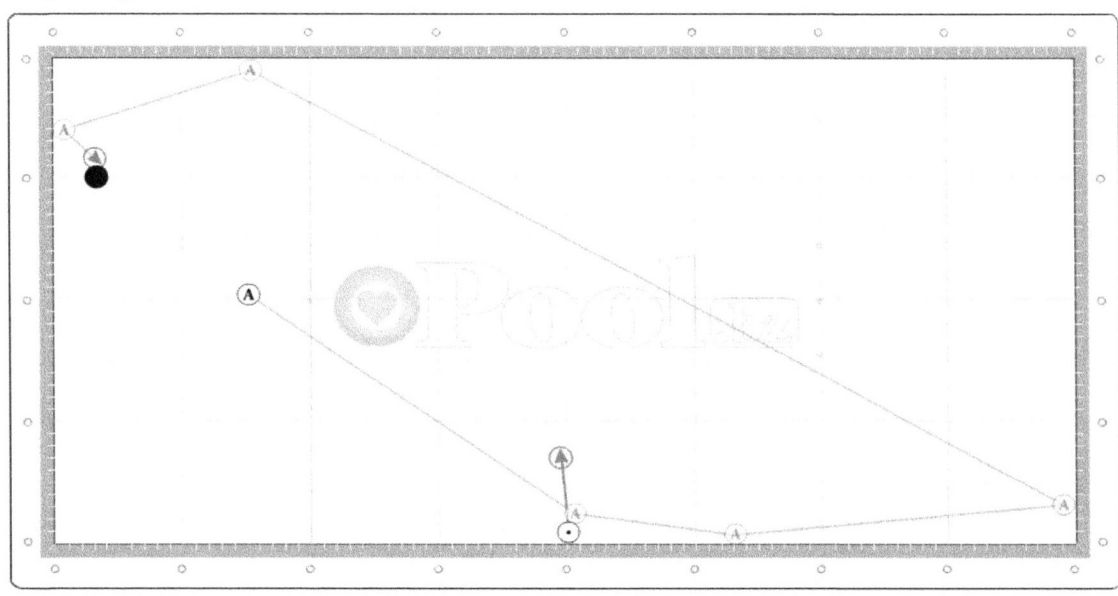

D:5d – Setup

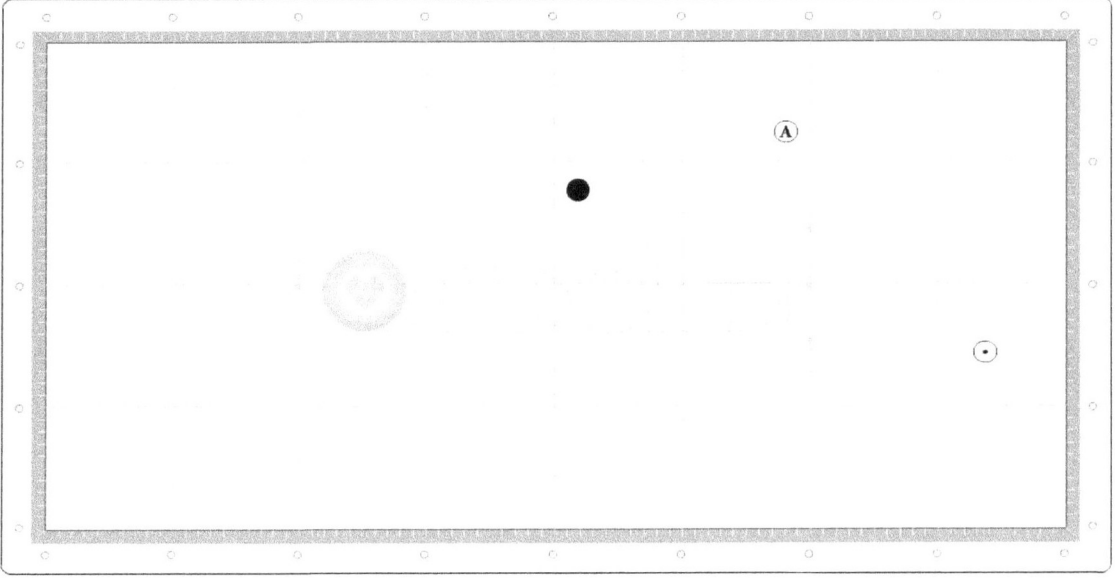

Noter og ideer:

Afspilning mønster

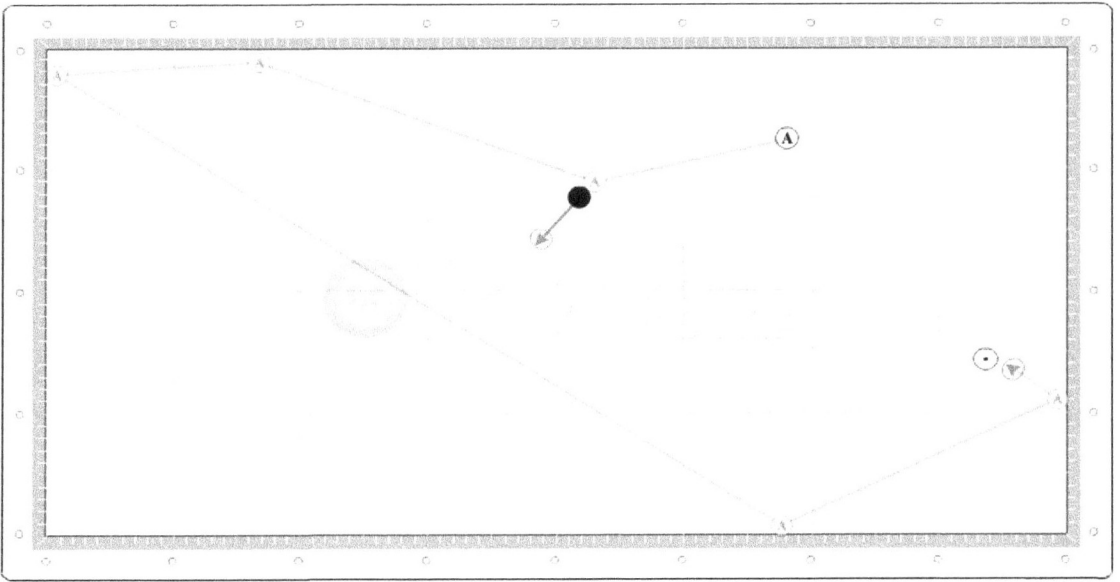

D: Gruppe 6

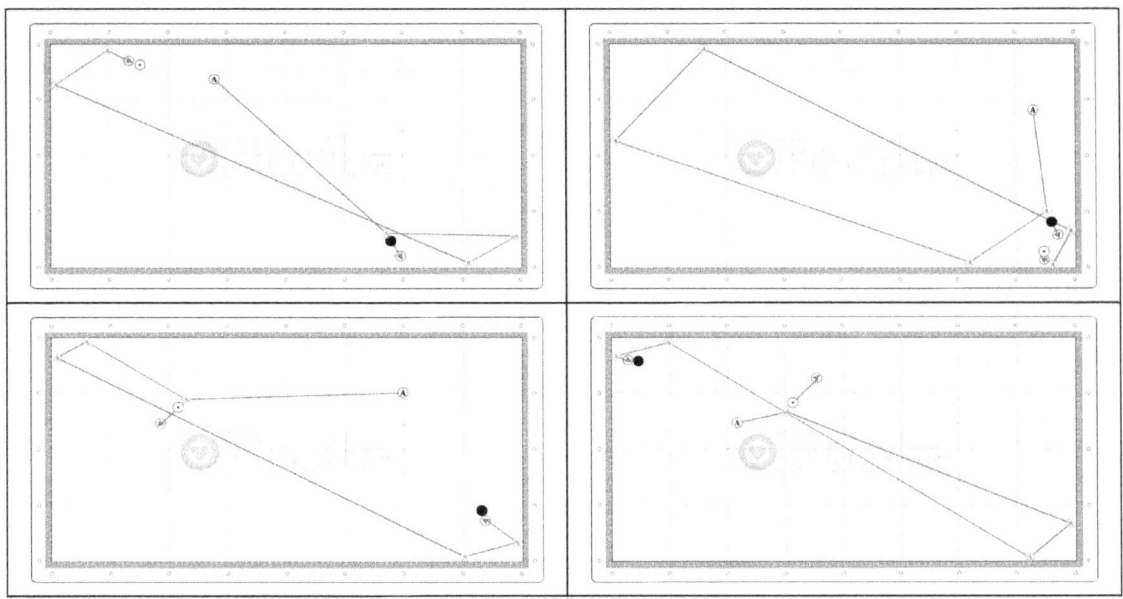

Analyse:

D:6a. _____

D:6b. _____

D:6c. _____

D:6d. _____

D:6a – Setup

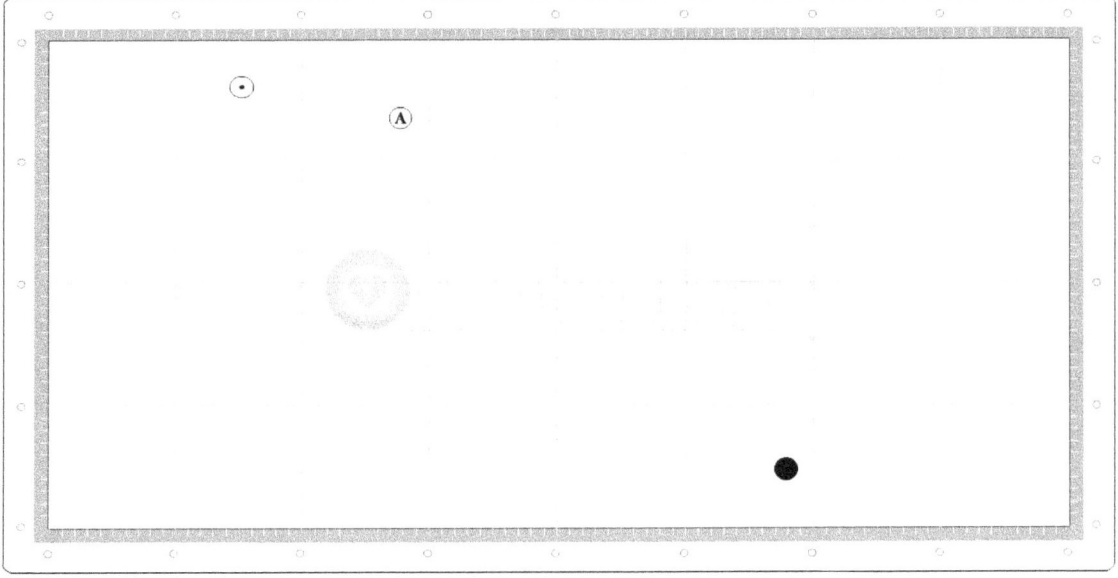

Noter og ideer:

Afspilning mønster

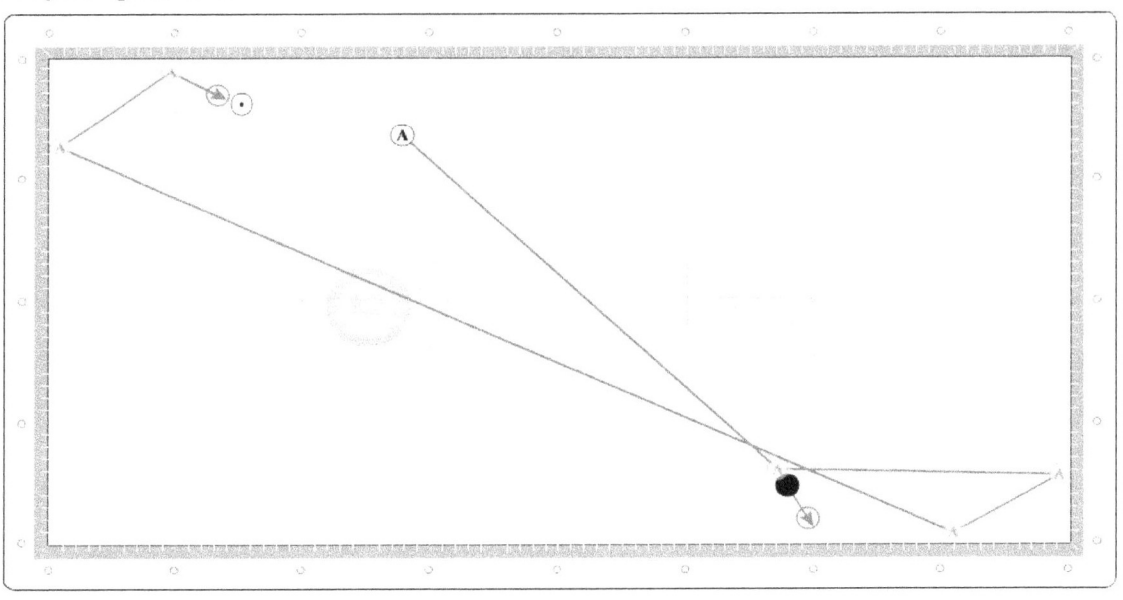

D:6b – Setup

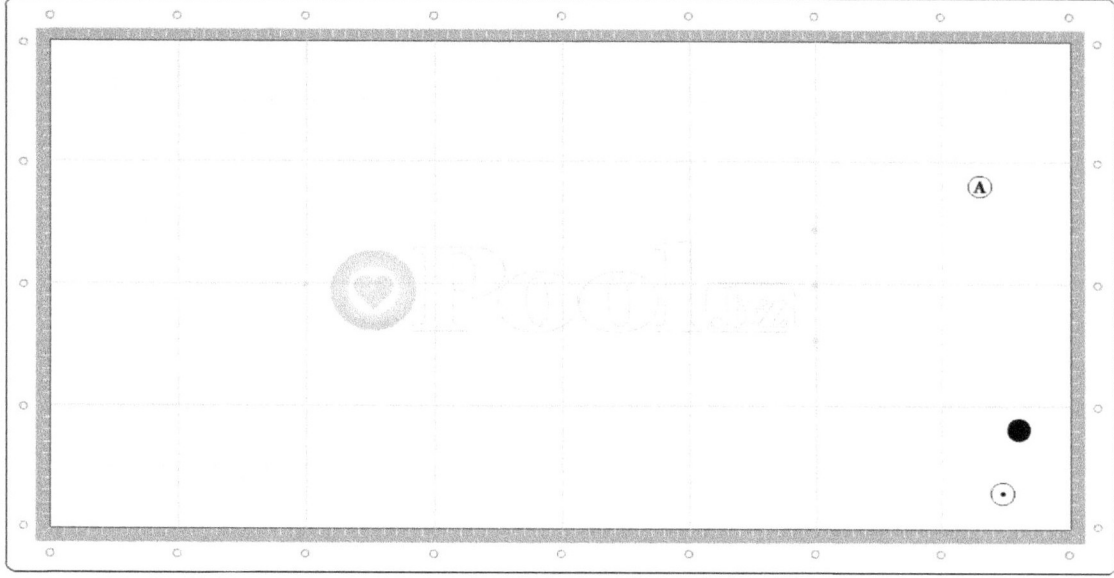

Noter og ideer:

Afspilning mønster

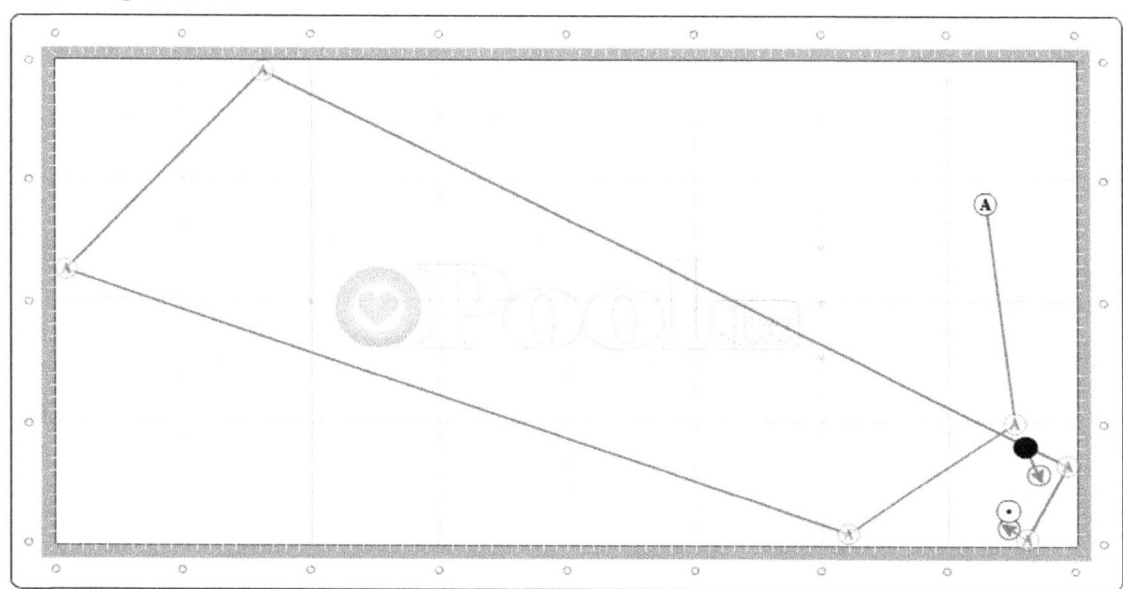

D:6c – Setup

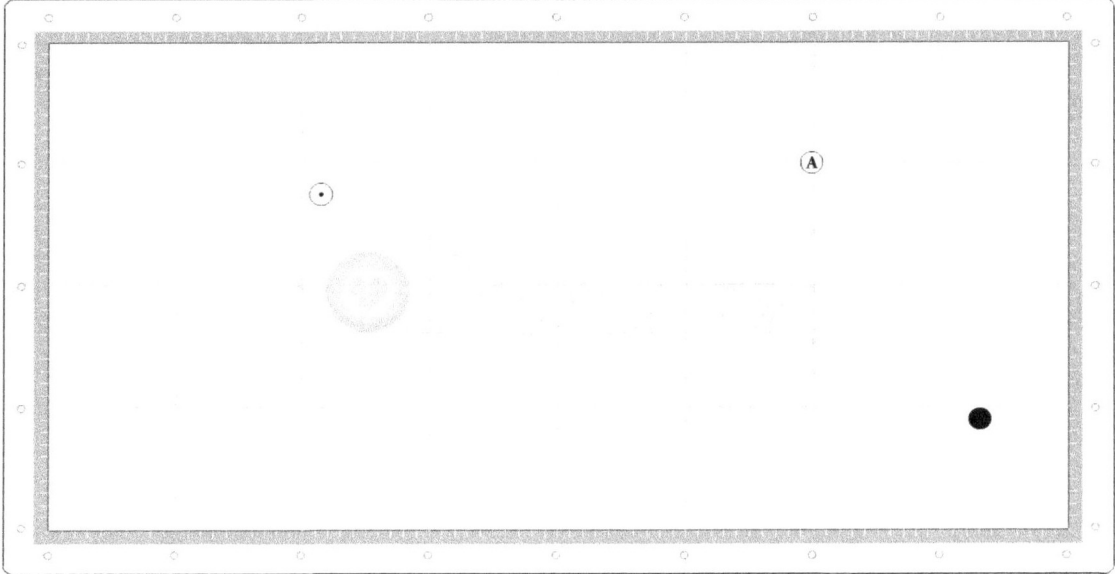

Noter og ideer:

Afspilning mønster

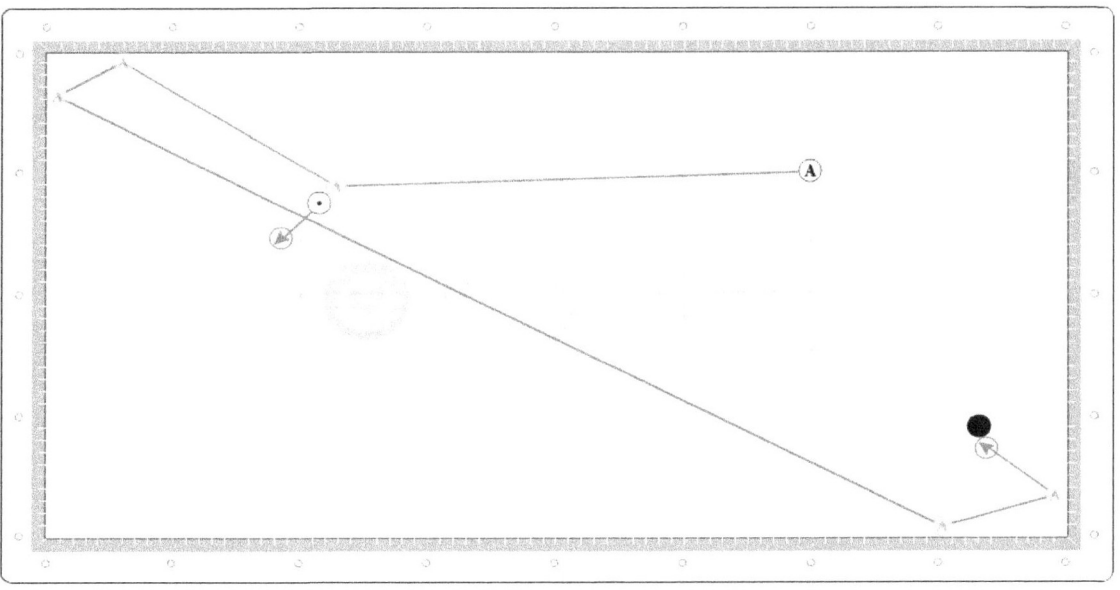

D:6d – Setup

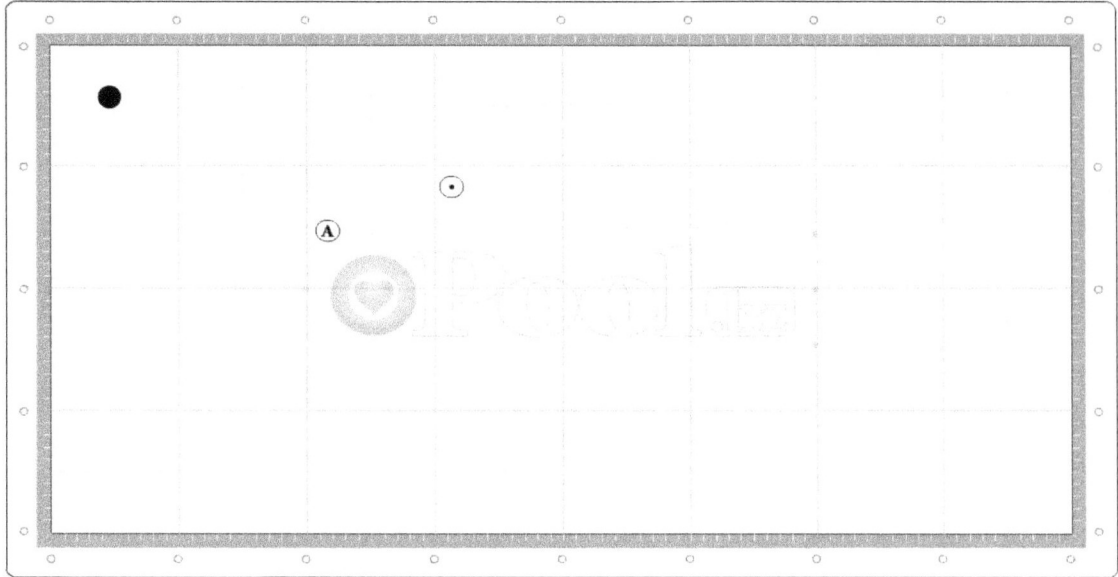

Noter og ideer:

Afspilning mønster

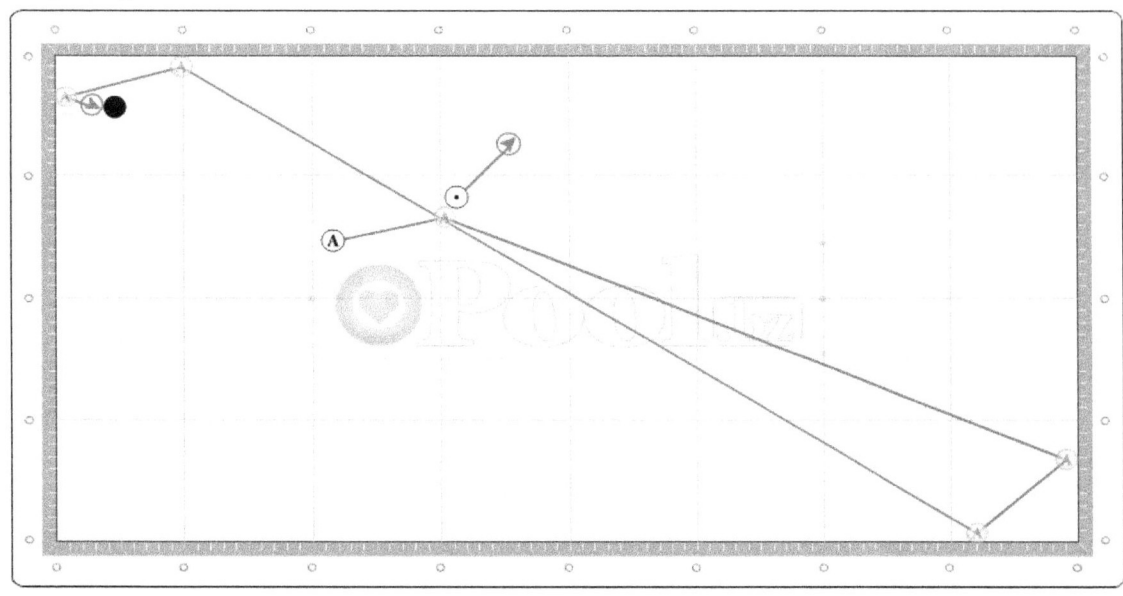

D: Gruppe 7

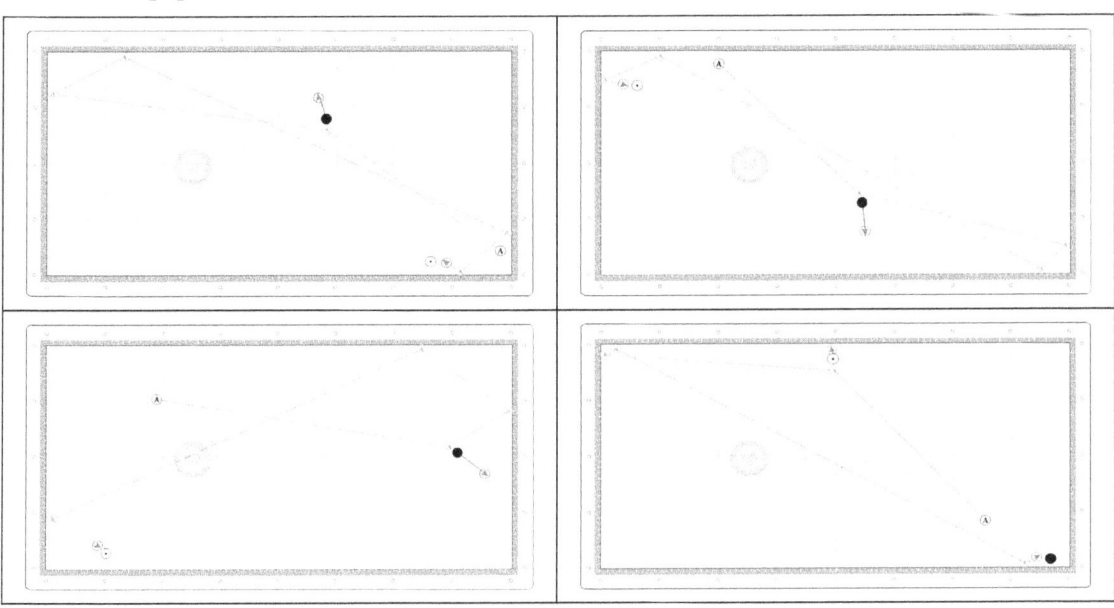

Analyse:

D:7a. _____

D:7b. _____

D:7c. _____

D:7d. _____

D:7a – Setup

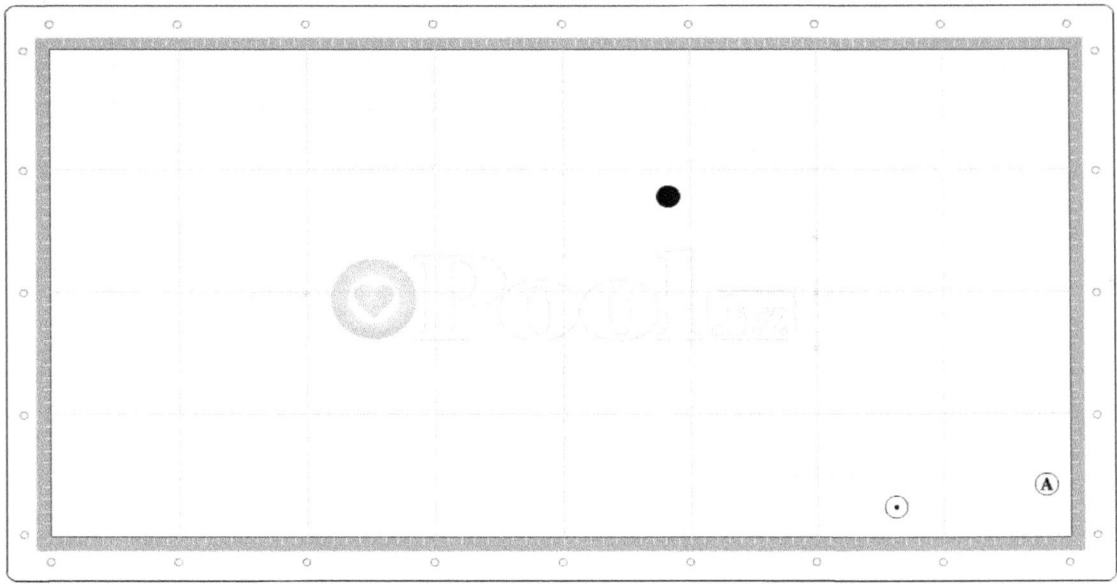

Noter og ideer:

Afspilning mønster

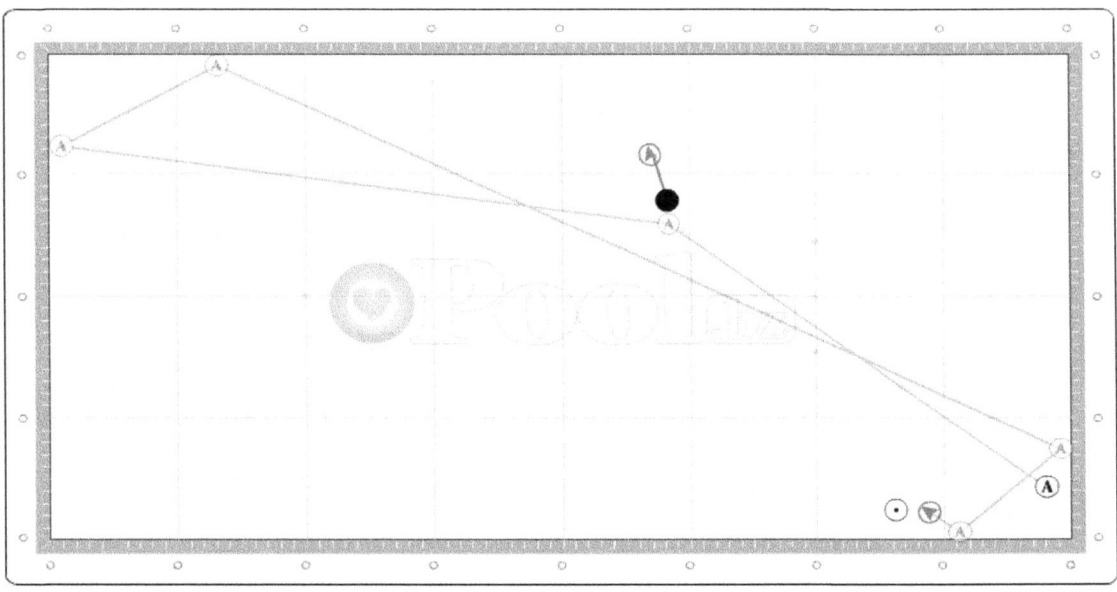

D:7b – Setup

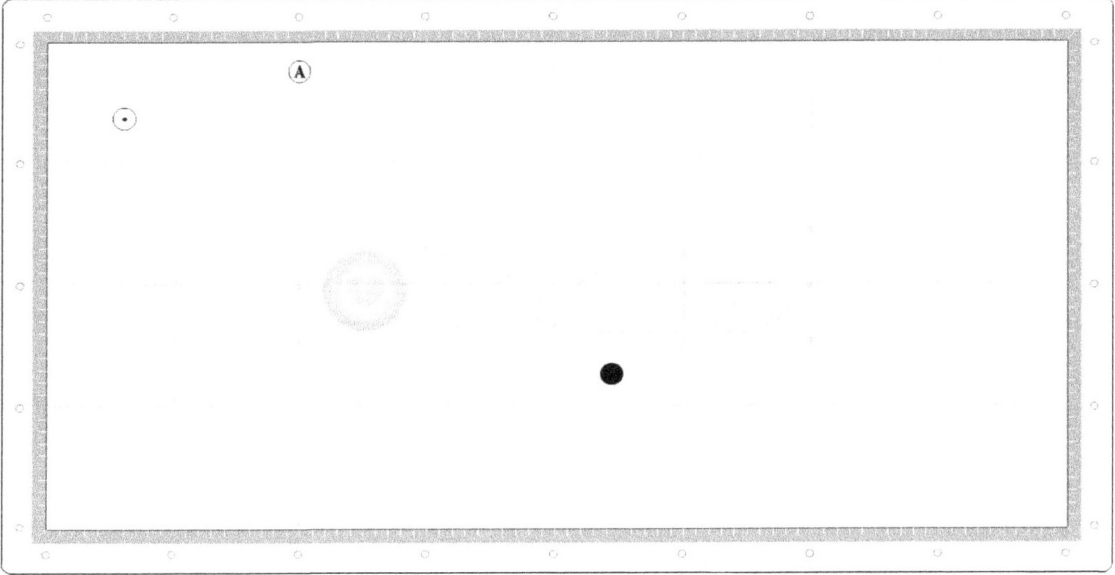

Noter og ideer:

Afspilning mønster

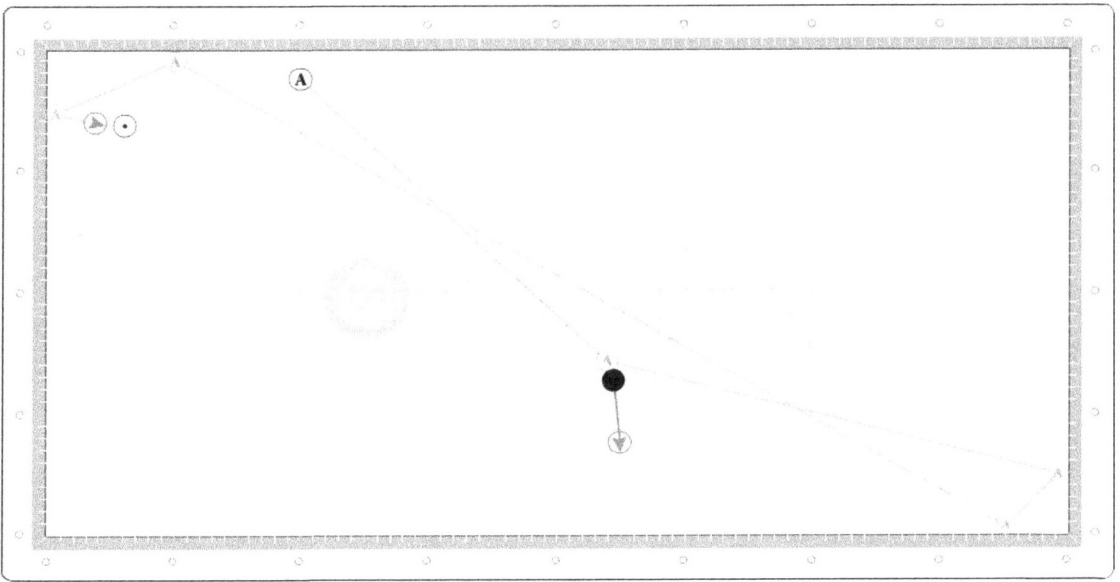

D:7c – Setup

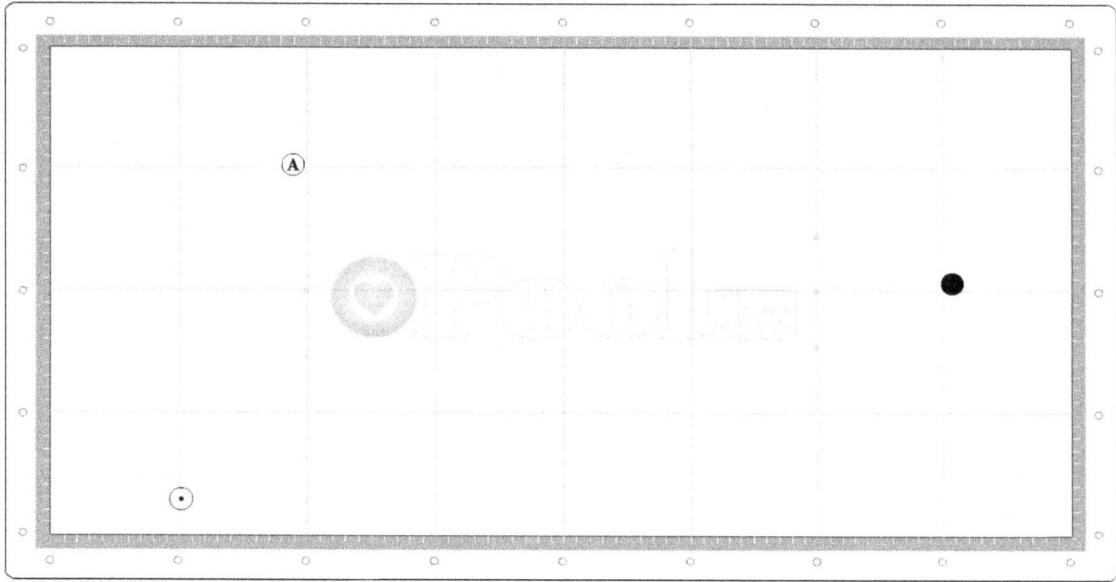

Noter og ideer:

Afspilning mønster

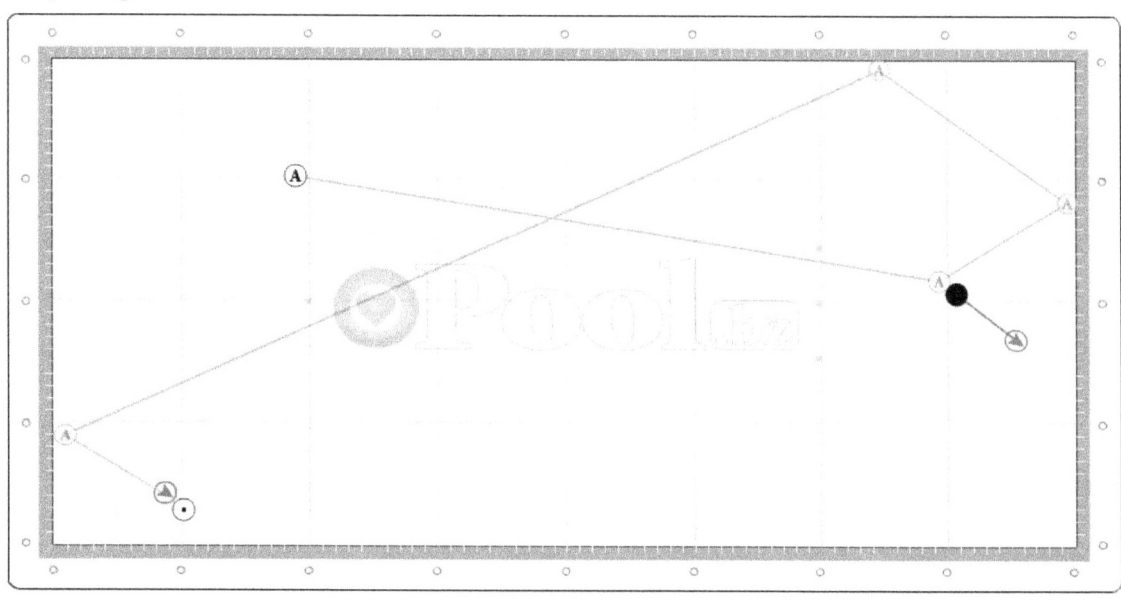

D:7d – Setup

Noter og ideer:

Afspilning mønster

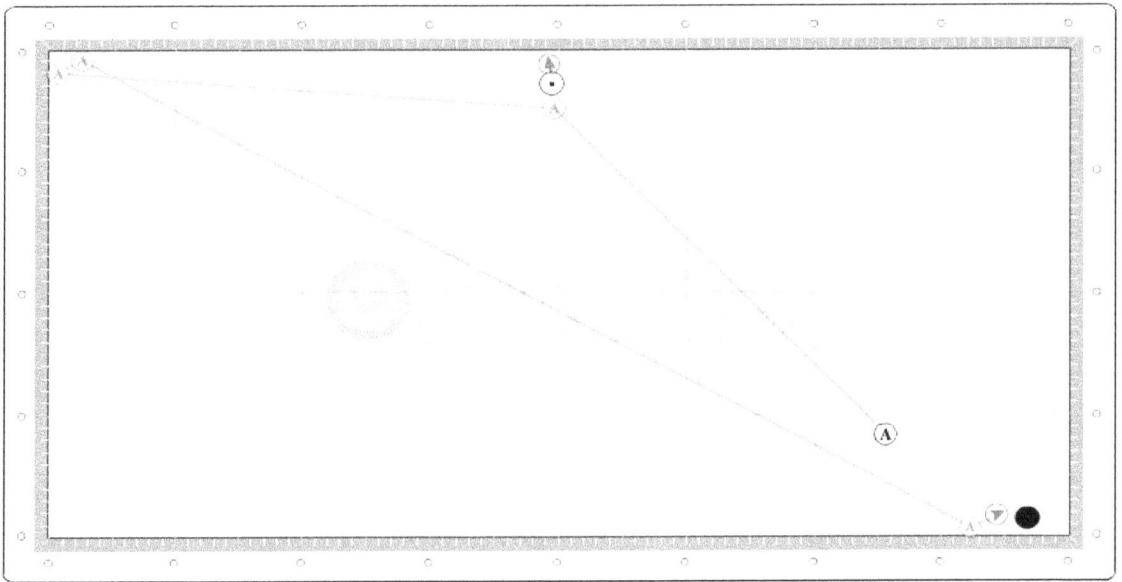

E: Dobbelt modificerede diagonaler

Den (CB) kommer ud af den første (OB) og starter diagonal mønster. (CB) går ind i hjørnet og vender derefter tilbage på en diagonal sti for at komme i kontakt med det andet (OB).

Ⓐ (CB) (din billardkugle) – ⊙ (OB) (modstander billardkugle) – ● (OB) (rød billardkugle)

E: Gruppe 1

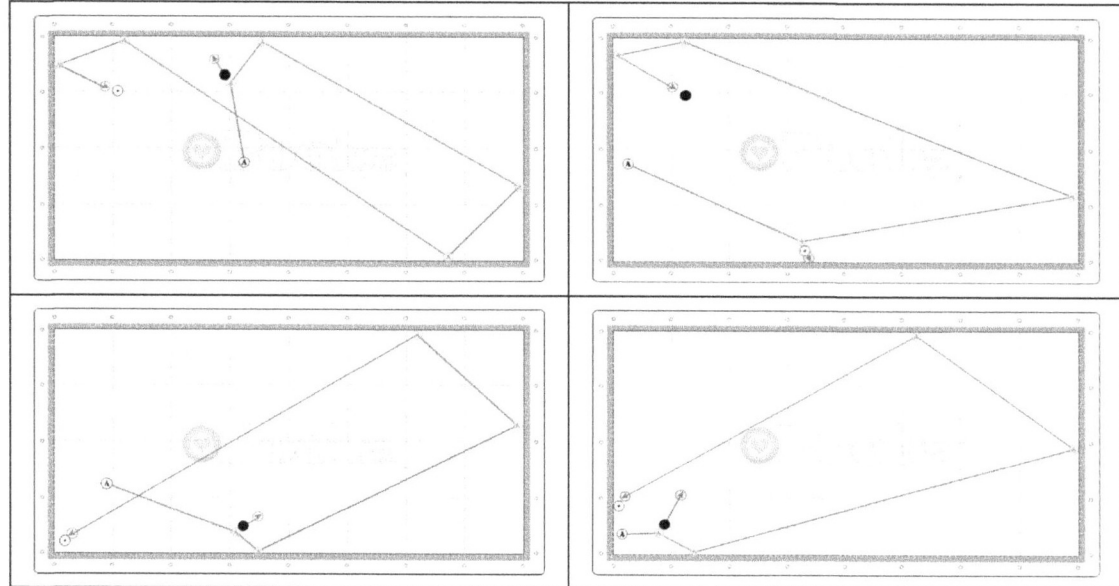

Analyse:

E:1a. _____

E:1b. _____

E:1c. _____

E:1d. _____

E:1a – Setup

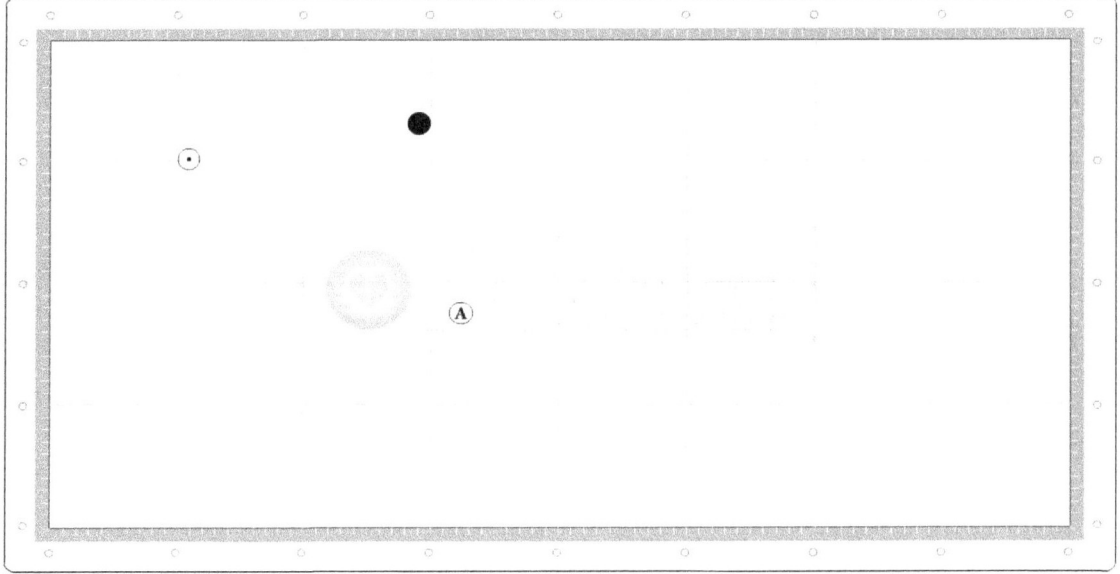

Noter og ideer:

Afspilning mønster

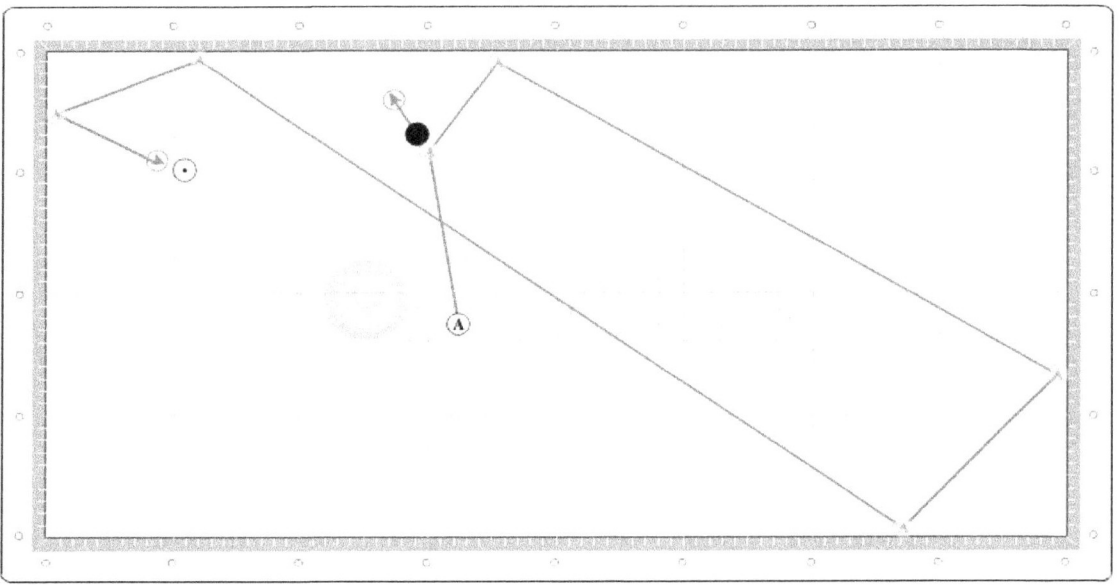

3-bande carambole: Hjørne til hjørne diagonale mønstre

E:1b – Setup

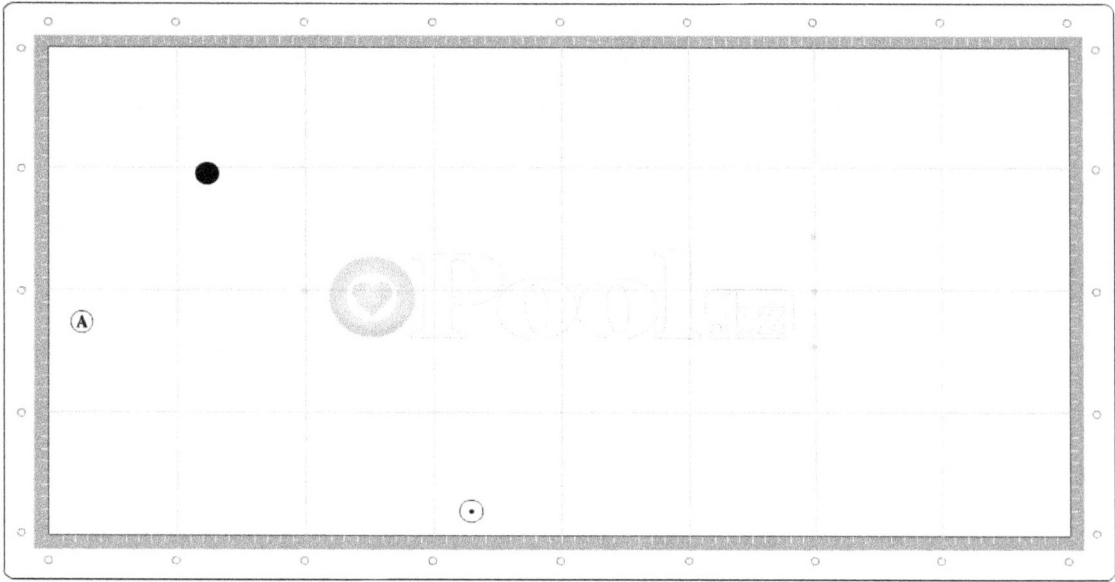

Noter og ideer:

Afspilning mønster

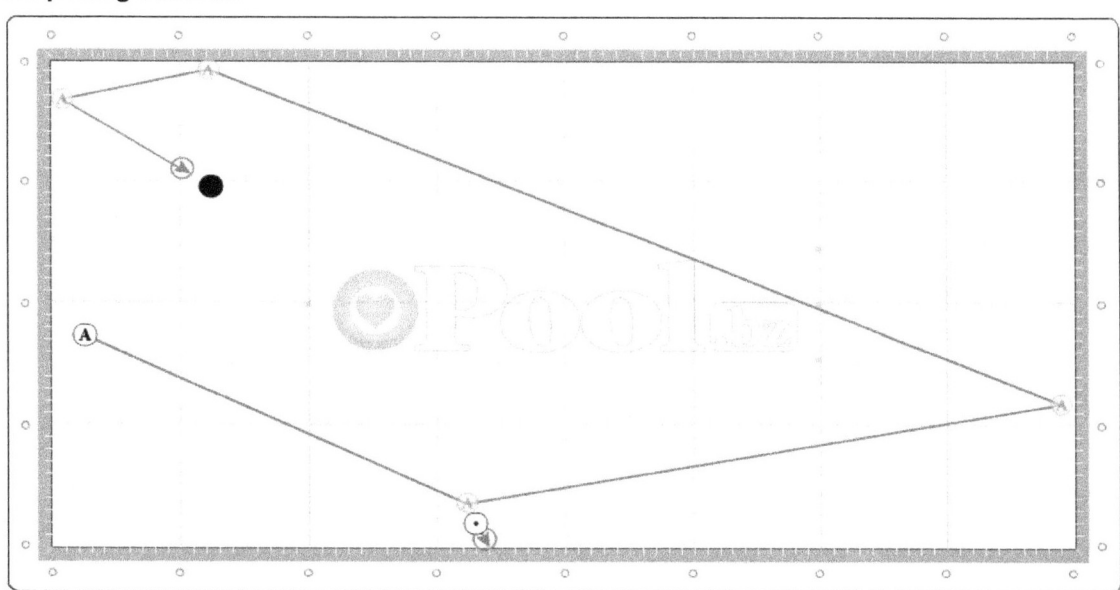

E:1c – Setup

Noter og ideer:

Afspilning mønster

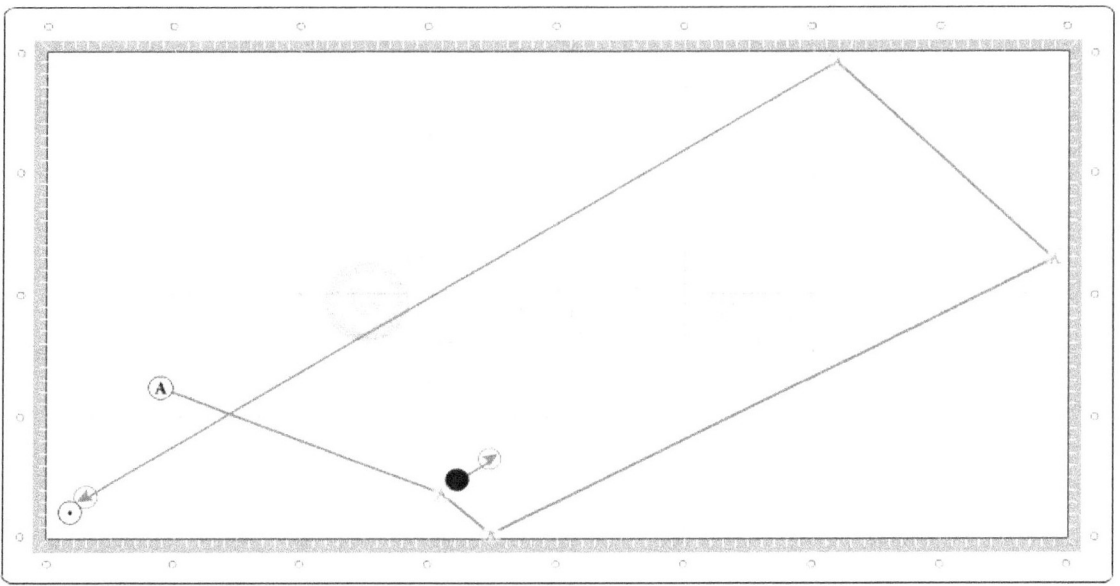

3-bande carambole: Hjørne til hjørne diagonale mønstre

E:1d – Setup

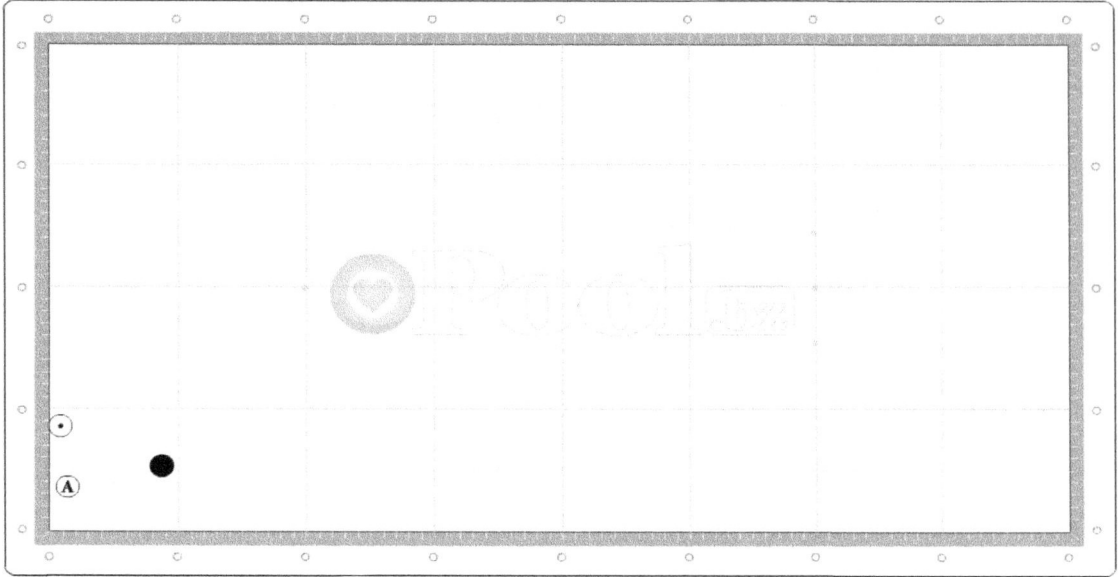

Noter og ideer:

Afspilning mønster

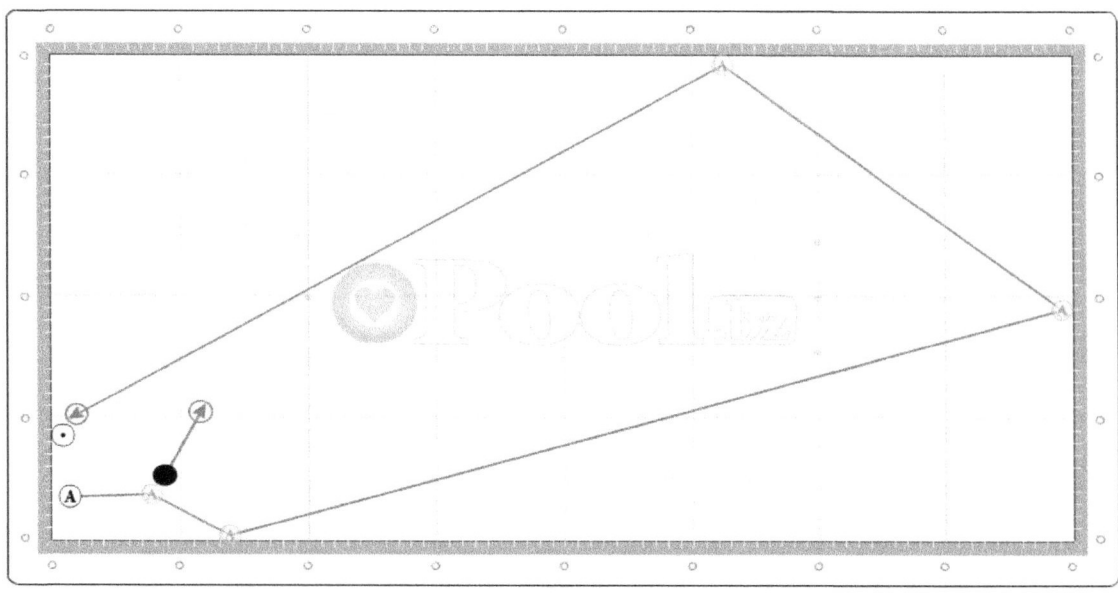

3-bande carambole: Hjørne til hjørne diagonale mønstre

E: Gruppe 2

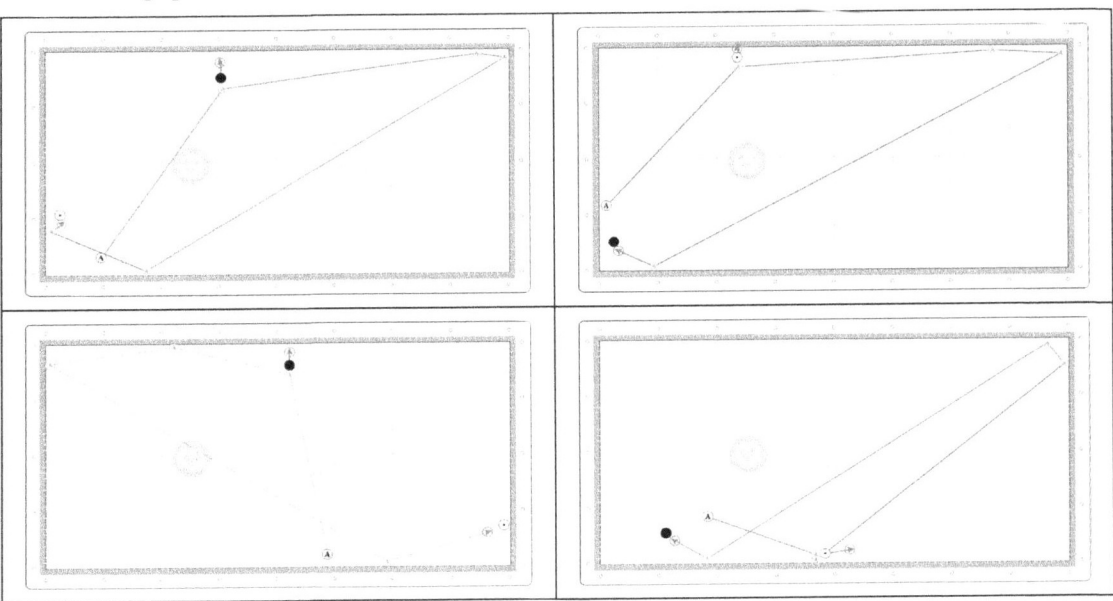

Analyse:

E:2a. _____

E:2b. _____

E:2c. _____

E:2d. _____

E:2a – Setup

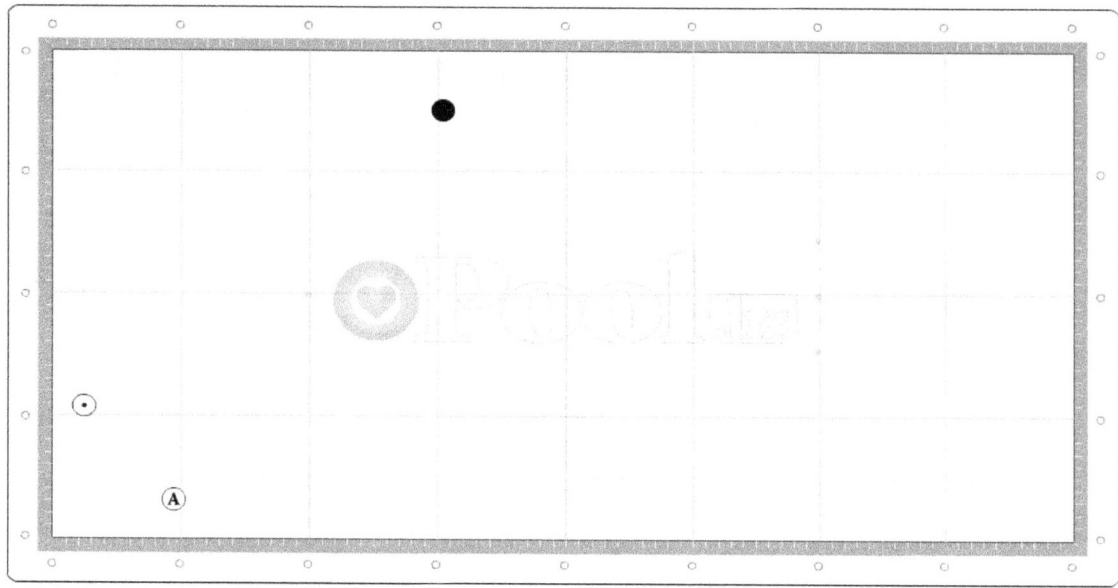

Noter og ideer:

Afspilning mønster

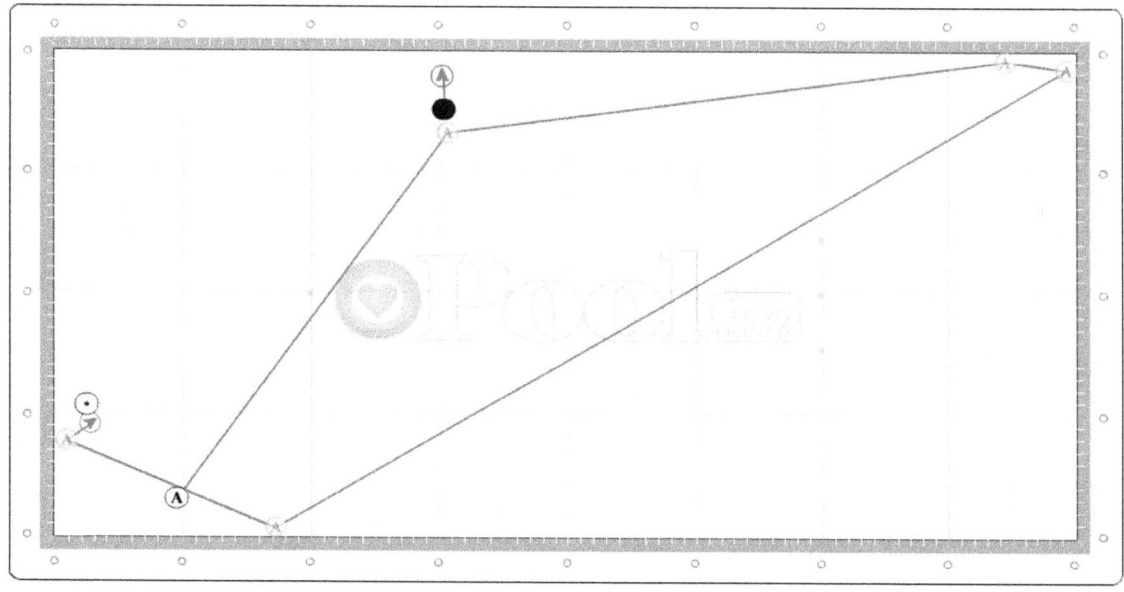

E:2b – Setup

Noter og ideer:

Afspilning mønster

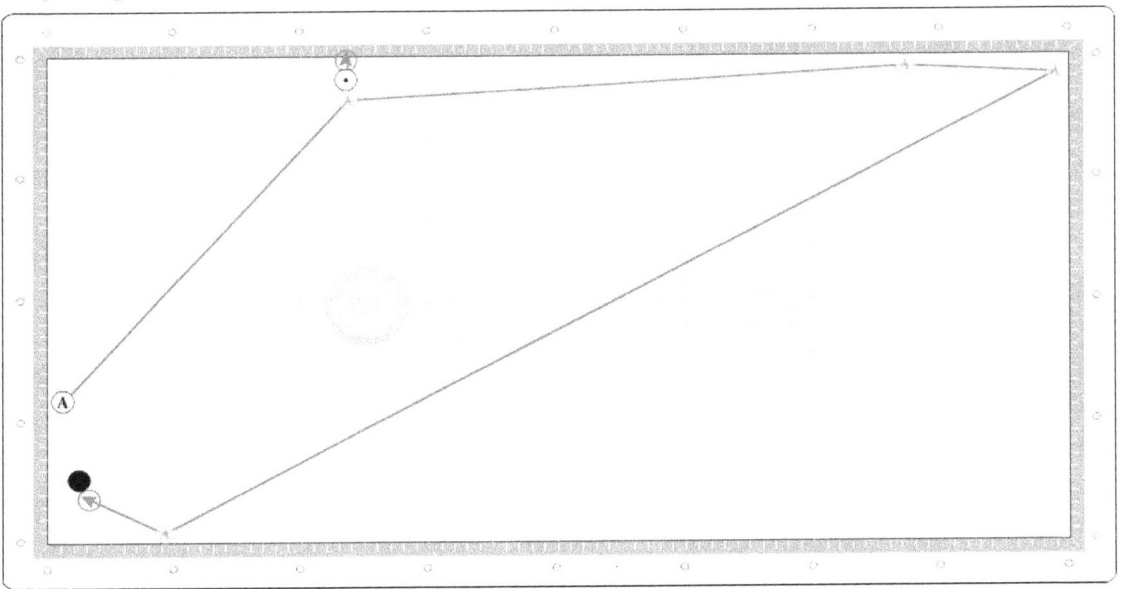

E:2c – Setup

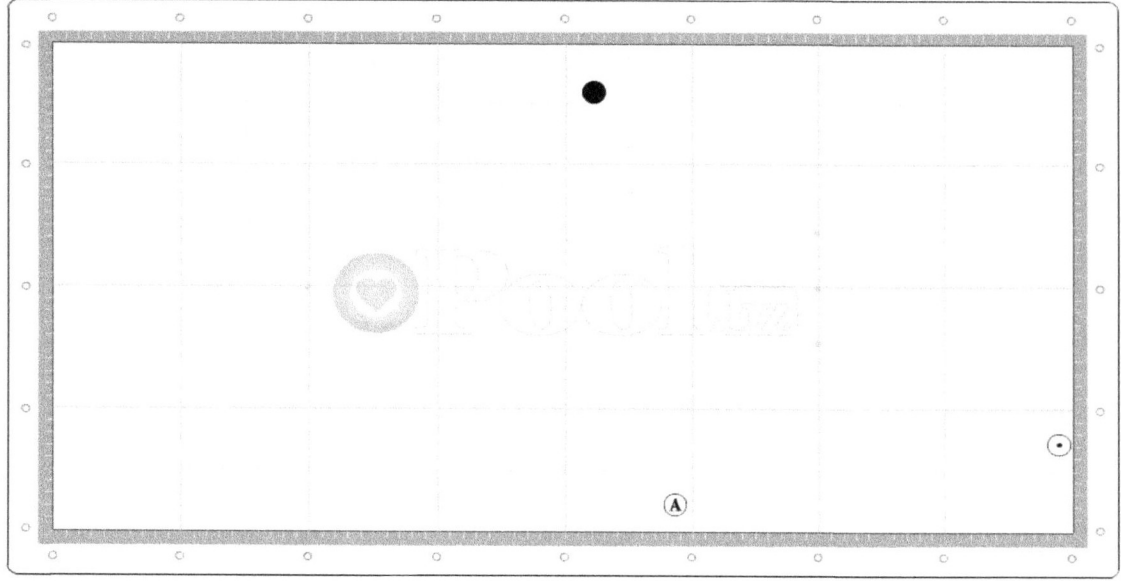

Noter og ideer:

Afspilning mønster

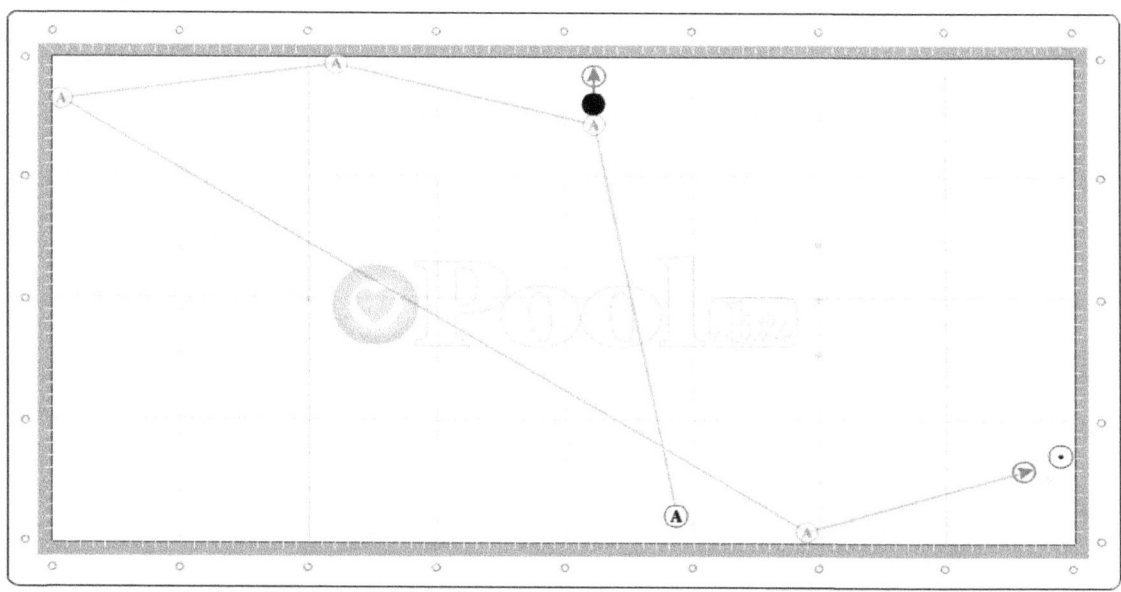

E:2d – Setup

Noter og ideer:

Afspilning mønster

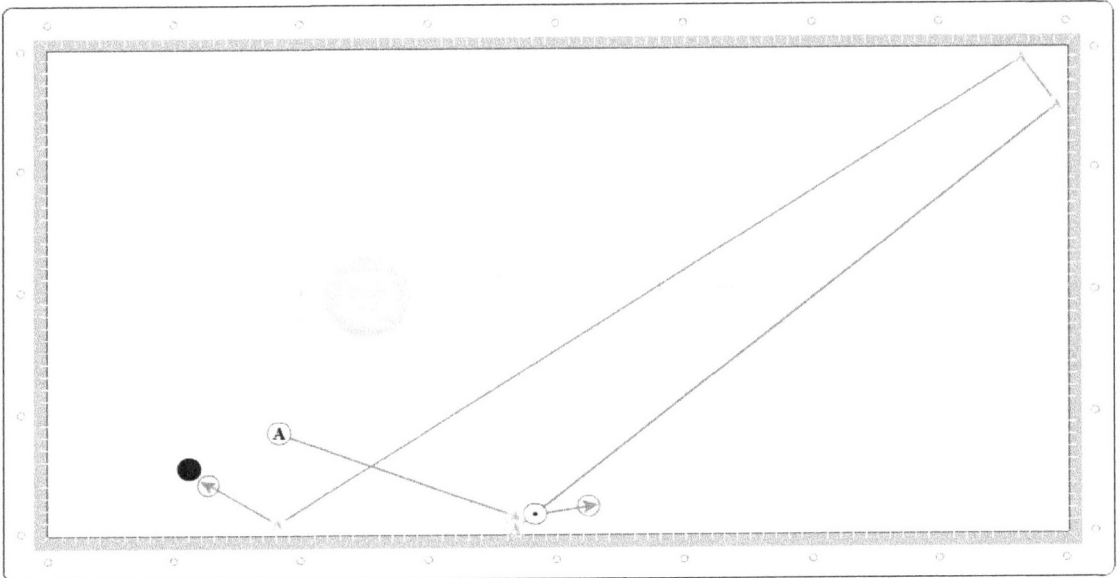

E: Gruppe 3

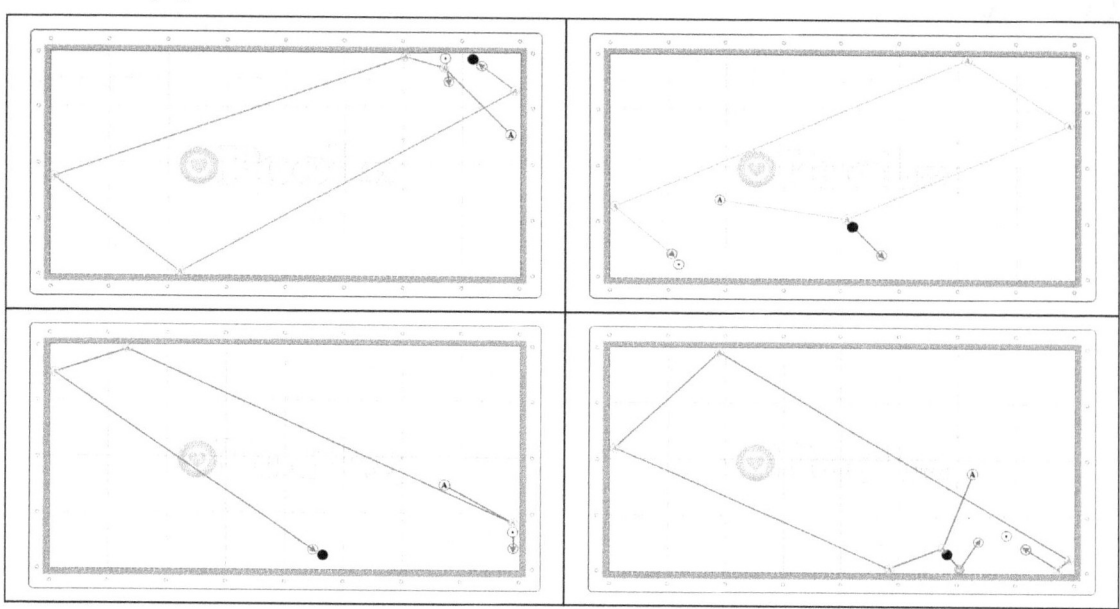

Analyse:

E:3a. _____

E:3b. _____

E:3c. _____

E:3d. _____

E:3a – Setup

Noter og ideer:

Afspilning mønster

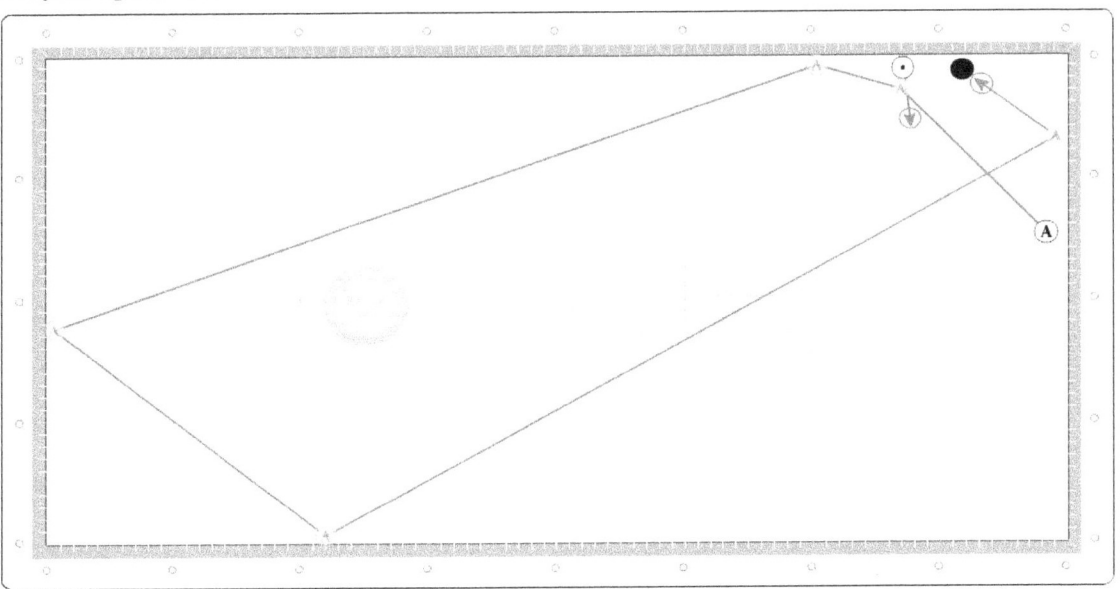

E:3b – Setup

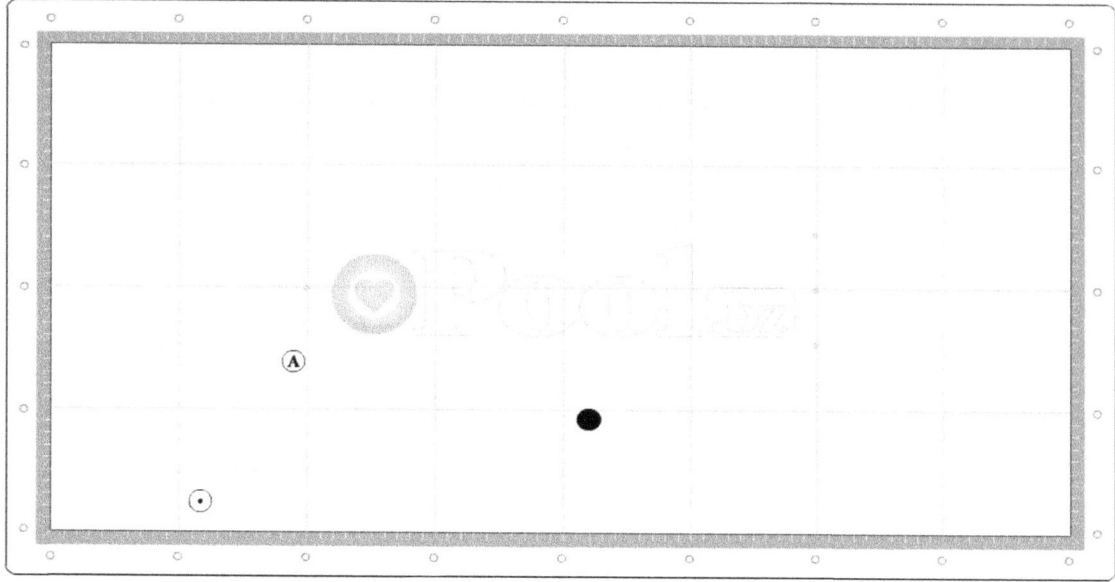

Noter og ideer:

Afspilning mønster

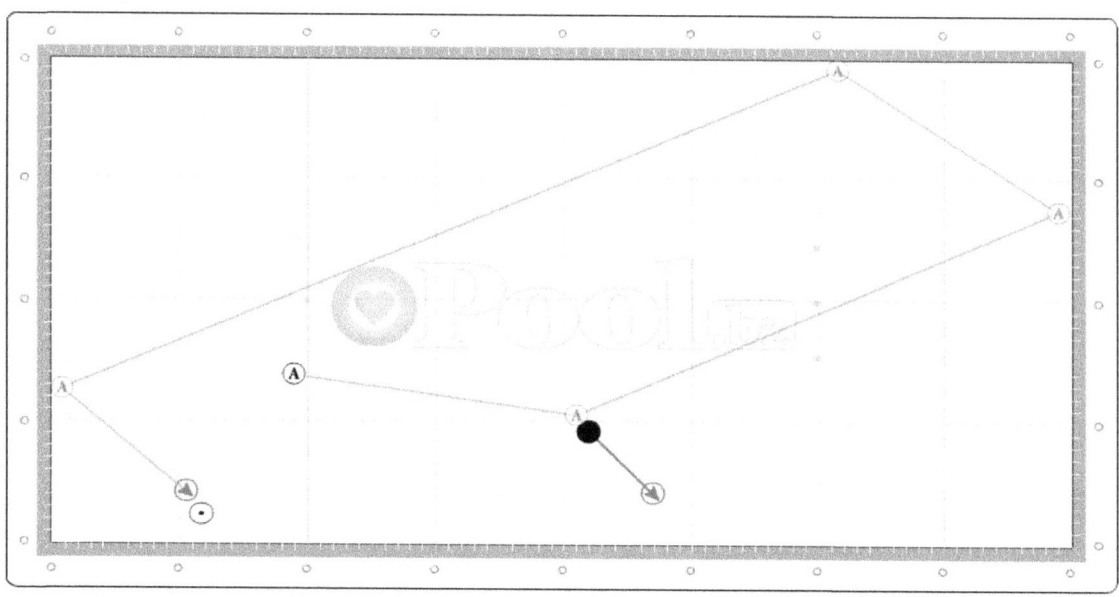

E:3c – Setup

Noter og ideer:

Afspilning mønster

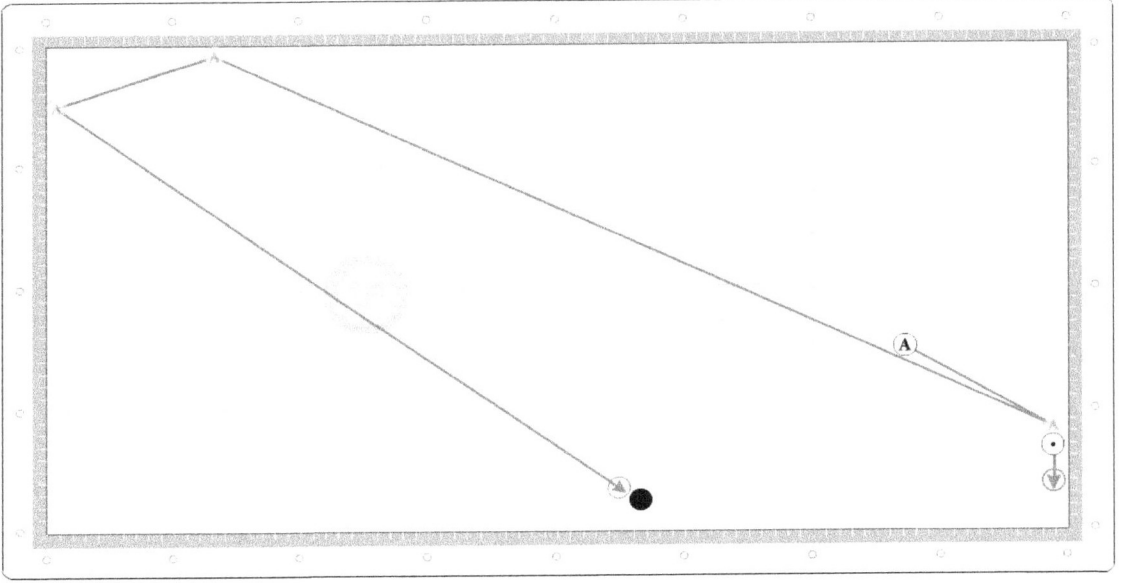

E:3d – Setup

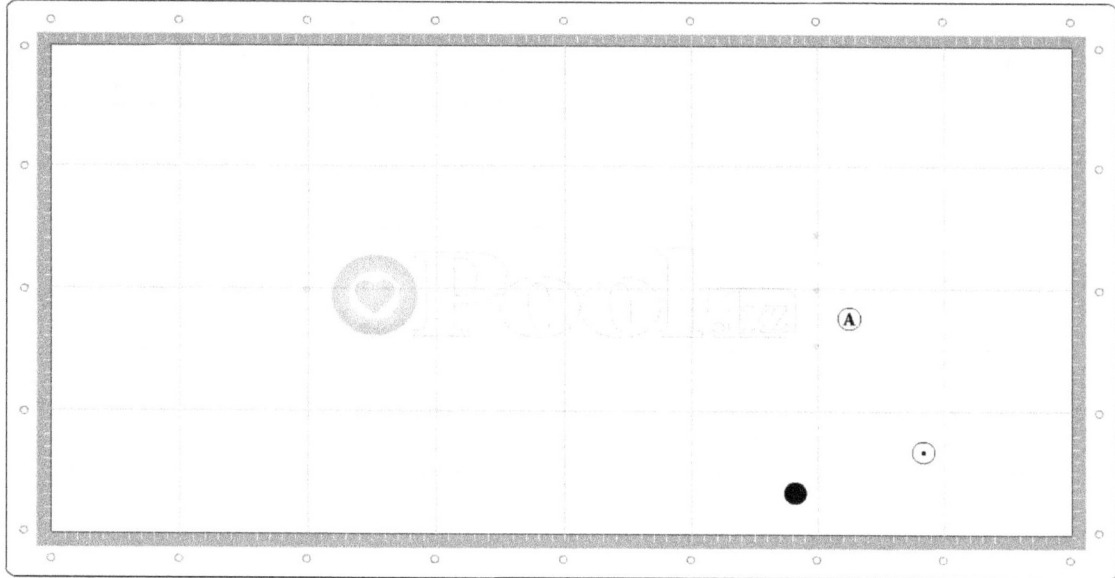

Noter og ideer:

Afspilning mønster

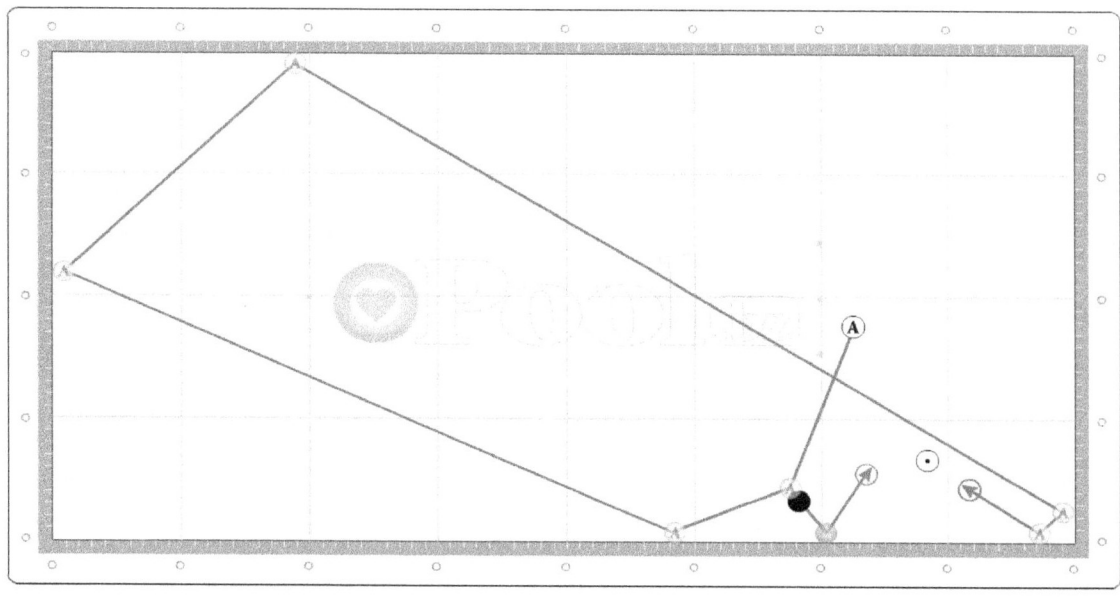

E: Gruppe 4

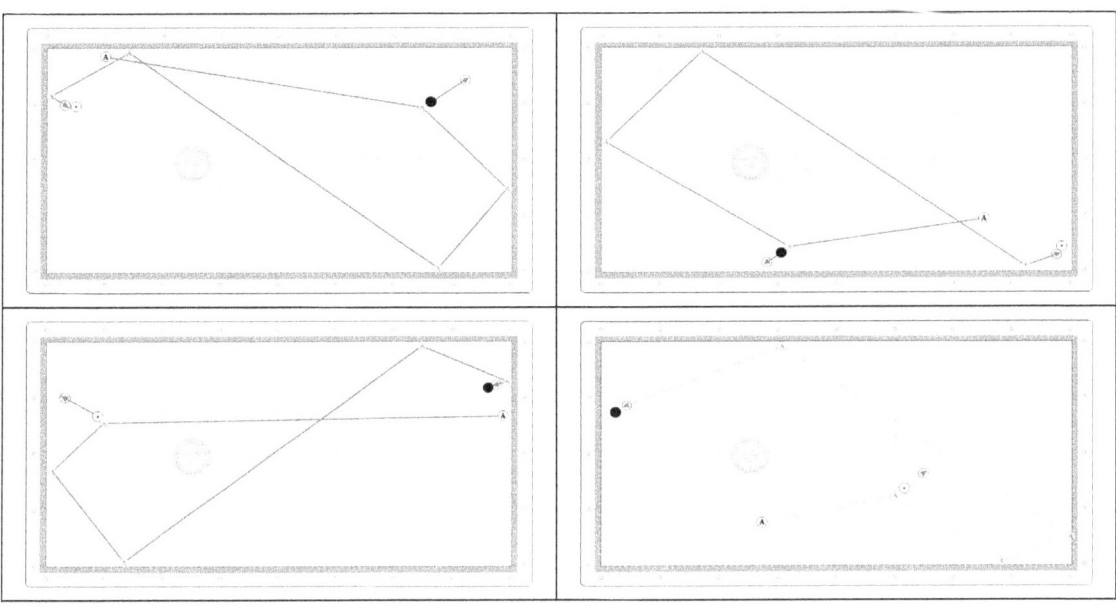

Analyse:

E:4a. _____

E:4b. _____

E:4c. _____

E:4d. _____

E:4a – Setup

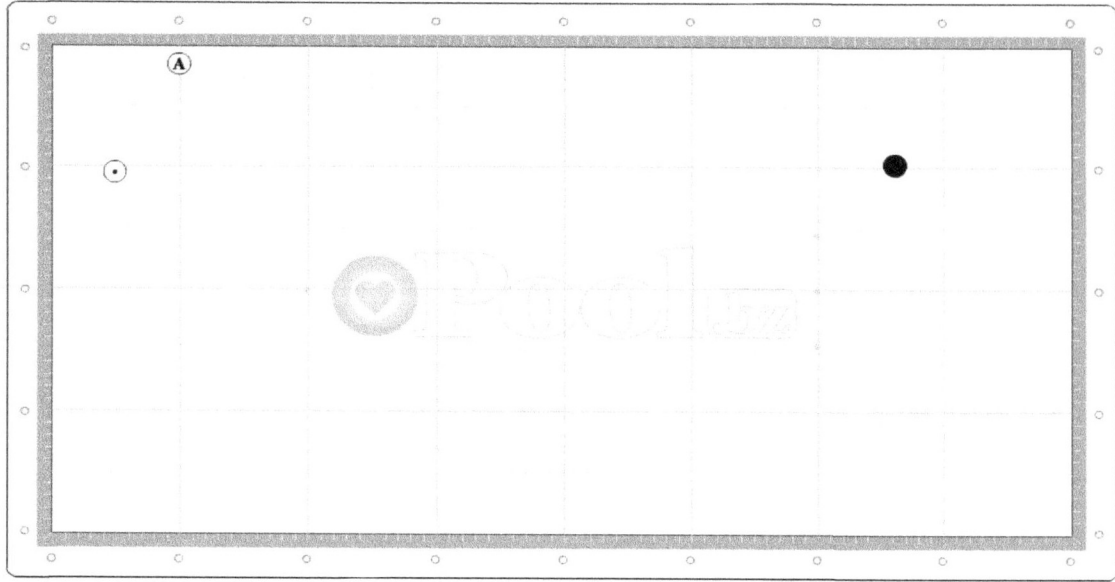

Noter og ideer:

Afspilning mønster

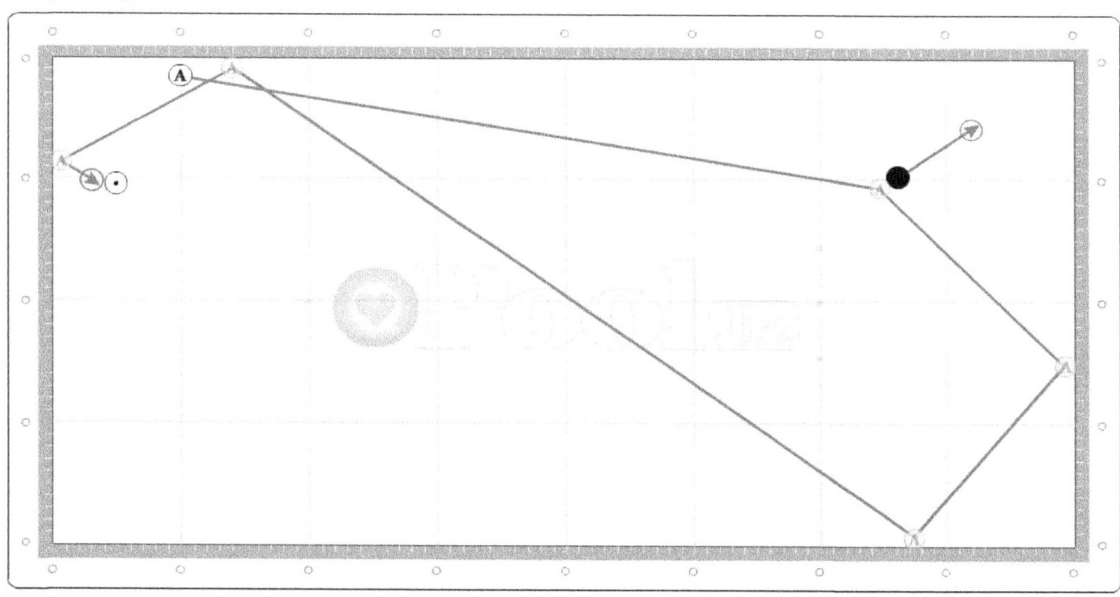

E:4b – Setup

Noter og ideer:

Afspilning mønster

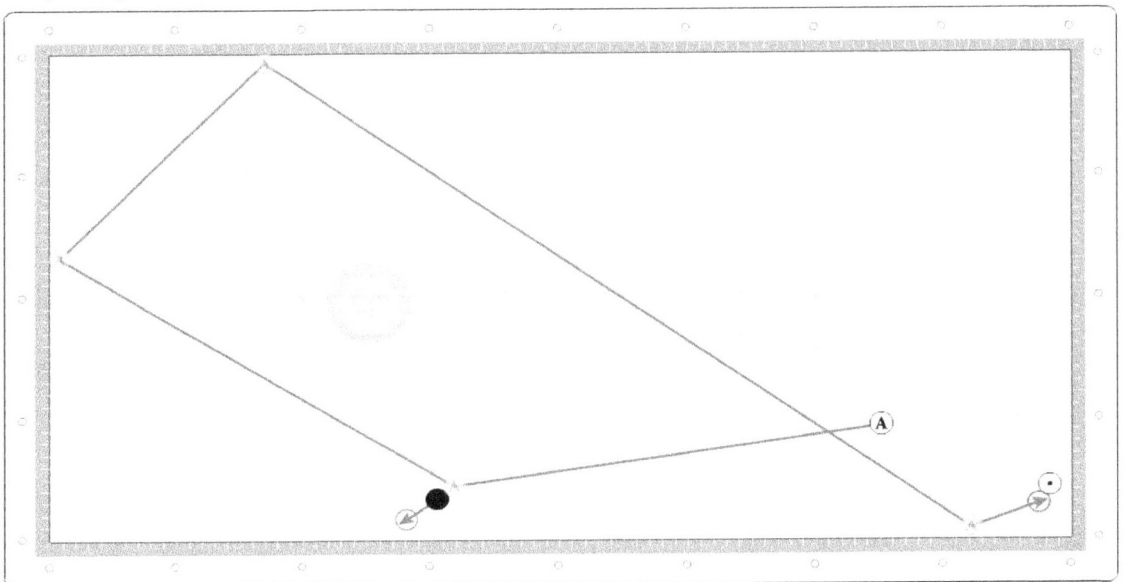

E:4c – Setup

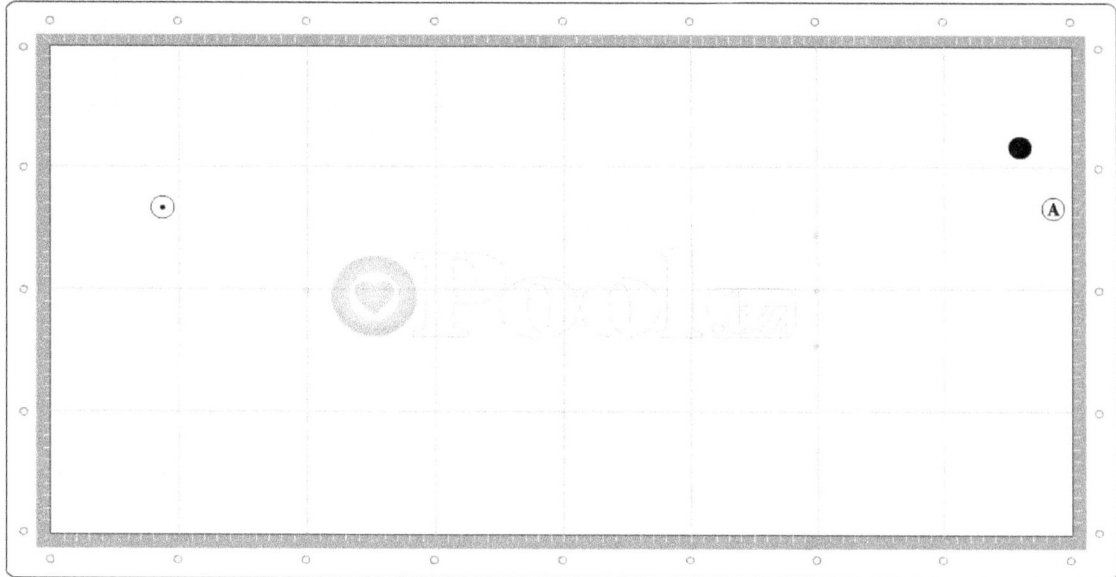

Noter og ideer:

Afspilning mønster

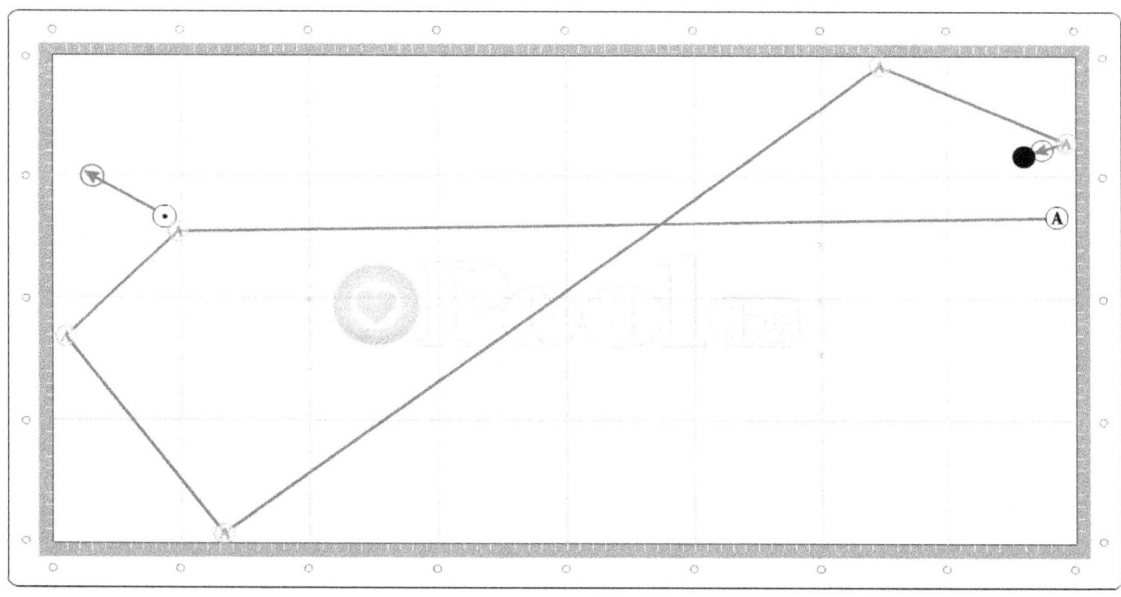

E:4d – Setup

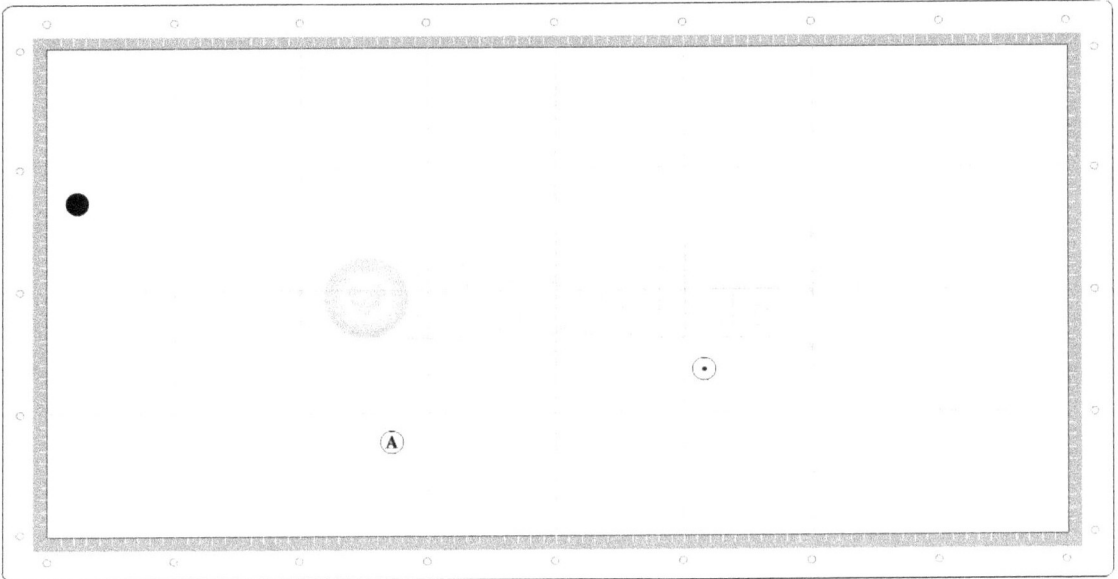

Noter og ideer:

Afspilning mønster

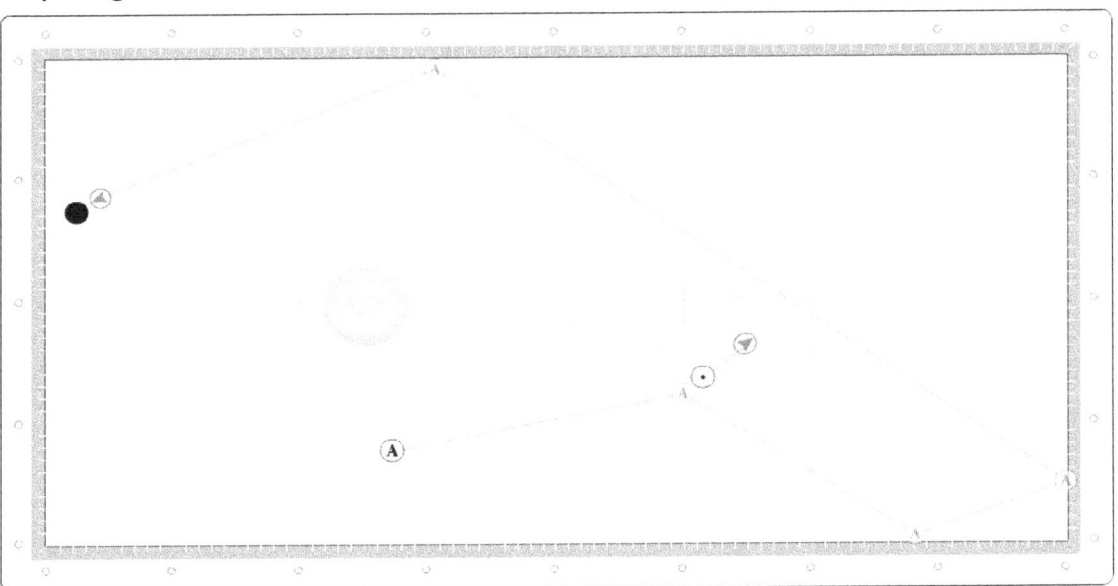

E: Gruppe 5

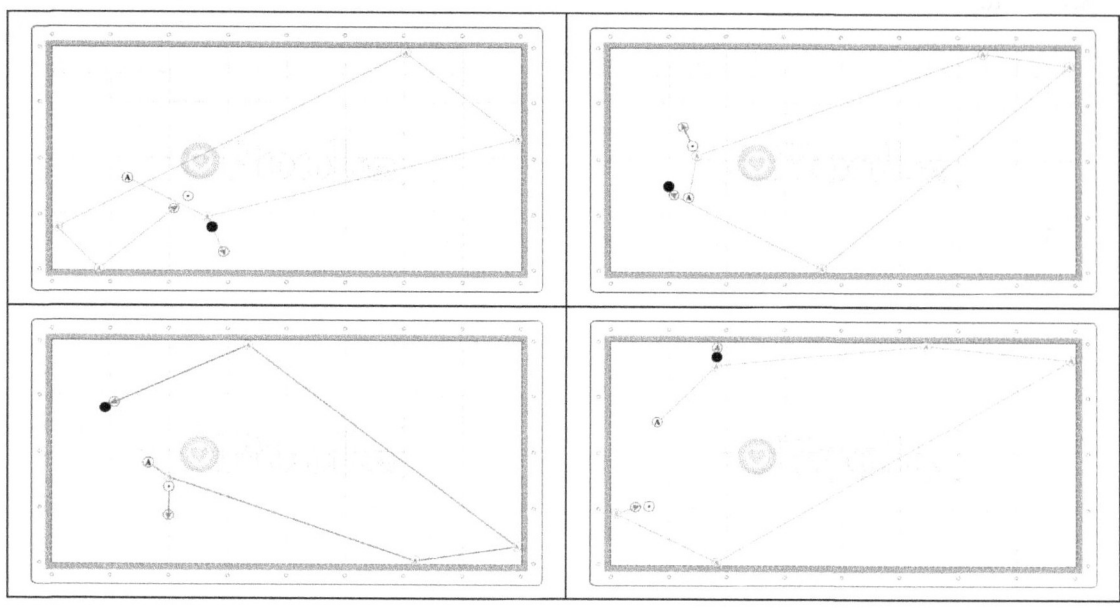

Analyse:

E:5a. _____

E:5b. _____

E:5c. _____

E:5d. _____

3-bande carambole: Hjørne til hjørne diagonale mønstre

E:5a – Setup

Noter og ideer:

Afspilning mønster

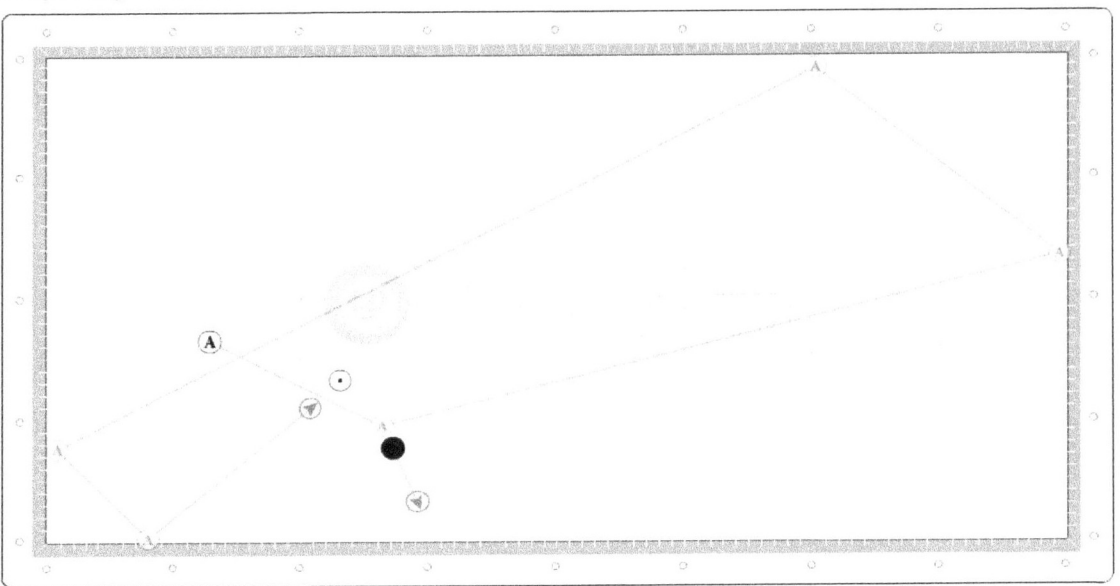

E:5b – Setup

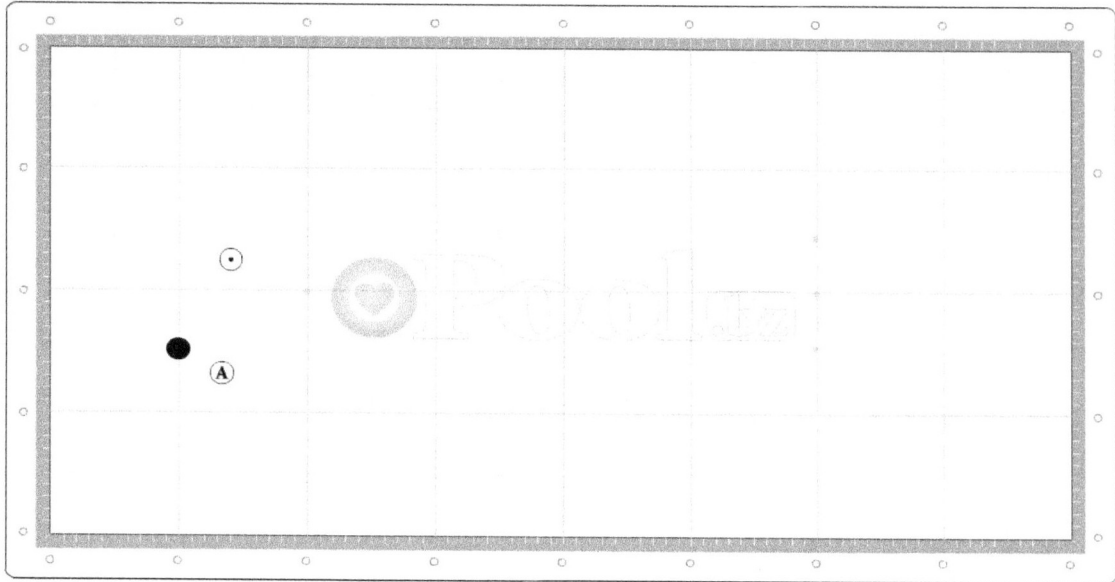

Noter og ideer:

Afspilning mønster

E:5c – Setup

Noter og ideer:

Afspilning mønster

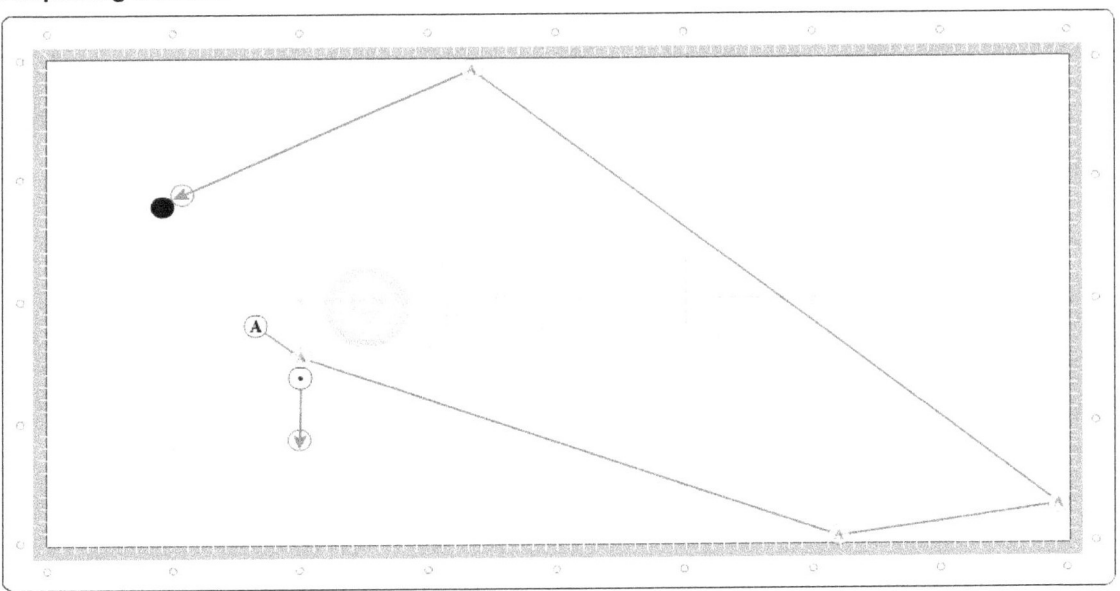

E:5d – Setup

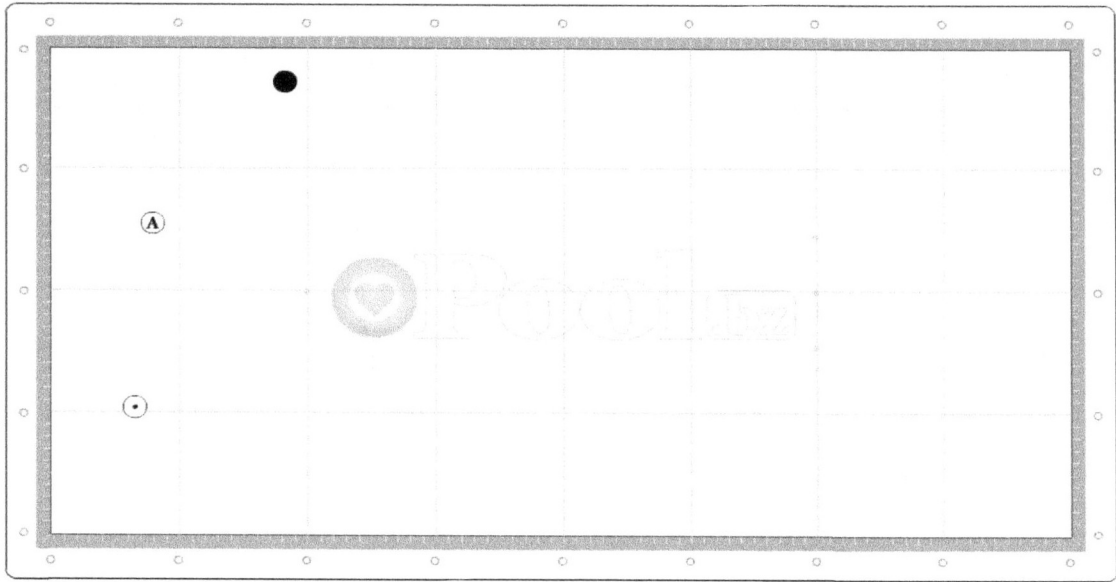

Noter og ideer:

Afspilning mønster

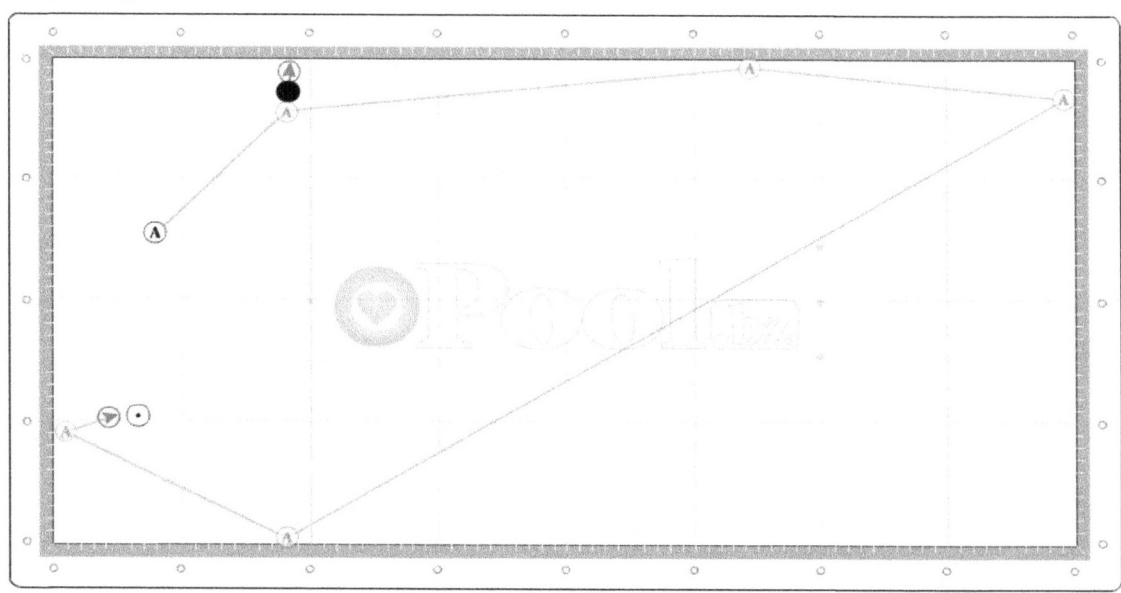

E: Gruppe 6

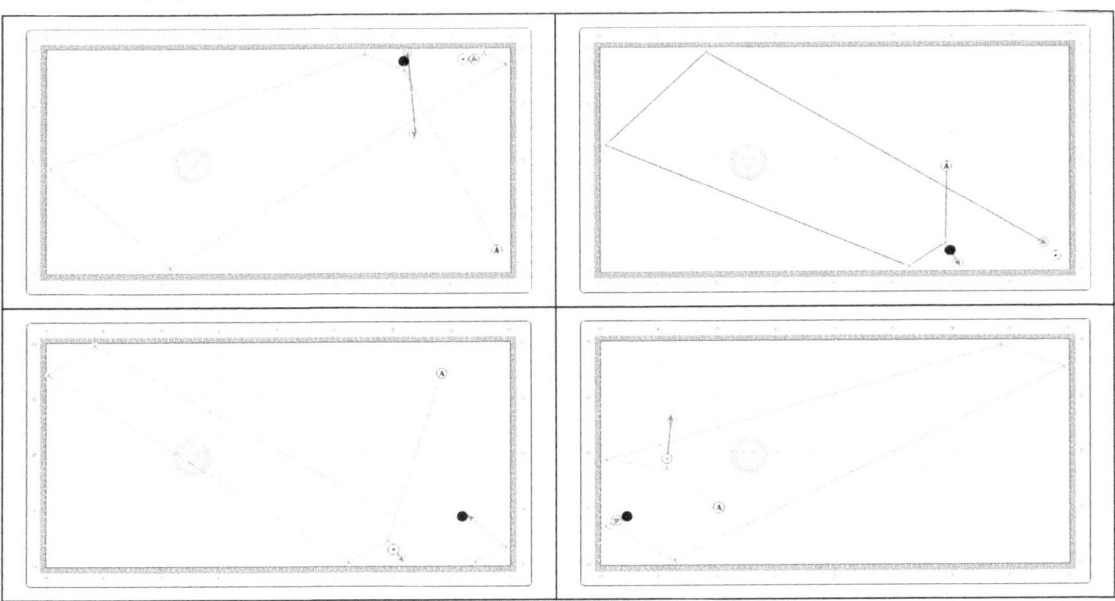

Analyse:

E:6a. _____

E:6b. _____

E:6c. _____

E:6d. _____

E:6a – Setup

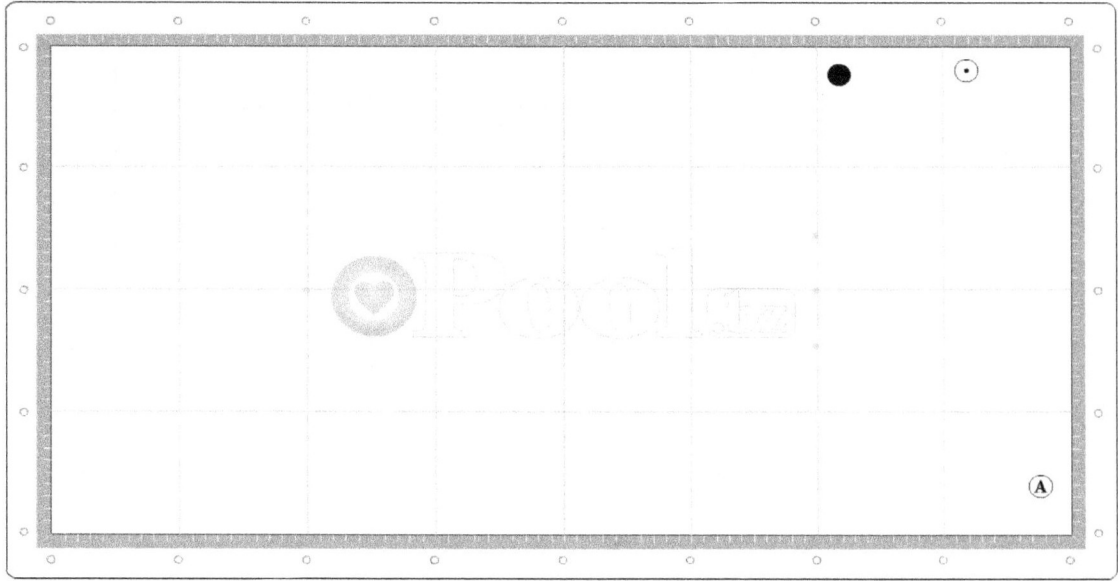

Noter og ideer:

Afspilning mønster

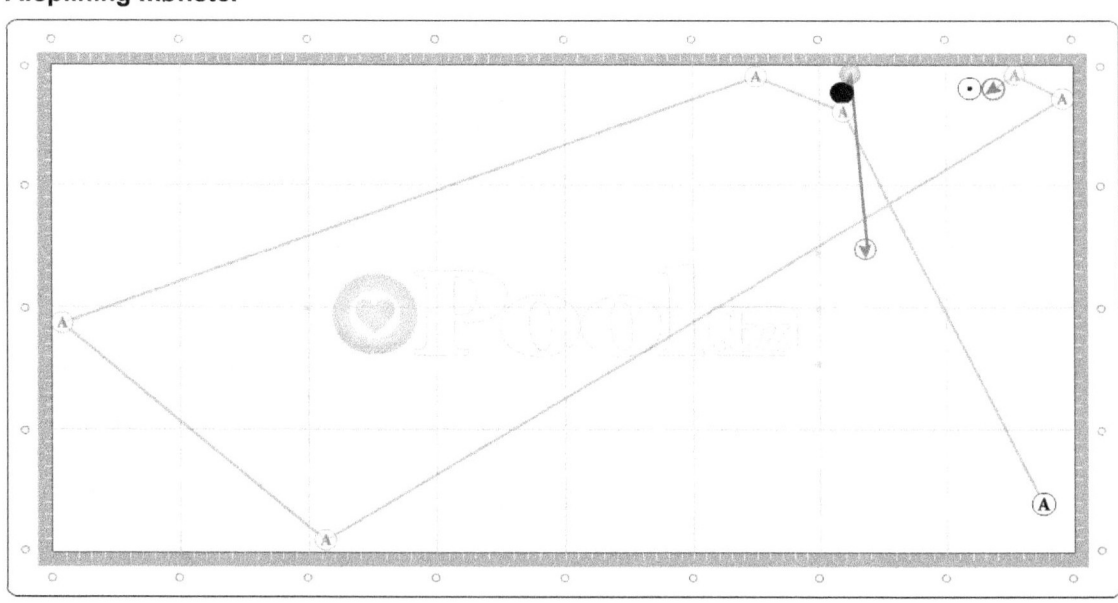

E:6b – Setup

Noter og ideer:

Afspilning mønster

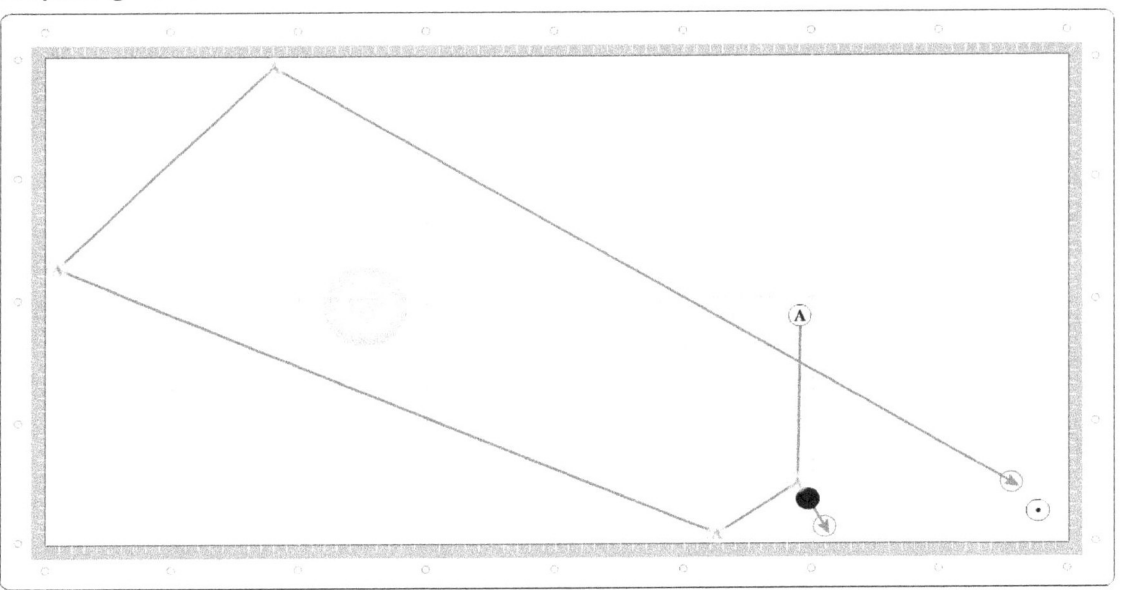

E:6c – Setup

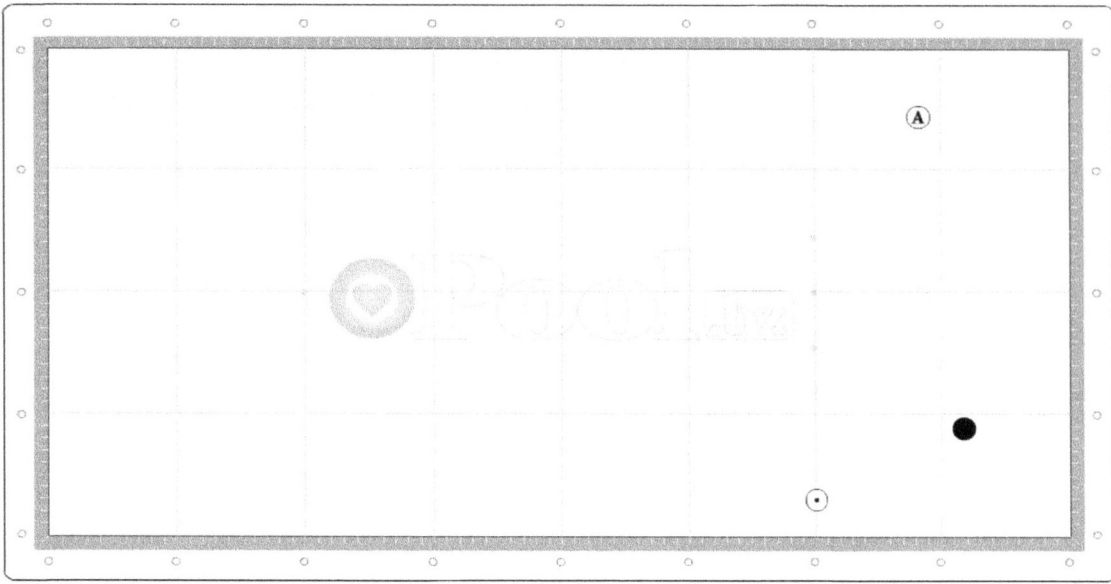

Noter og ideer:

Afspilning mønster

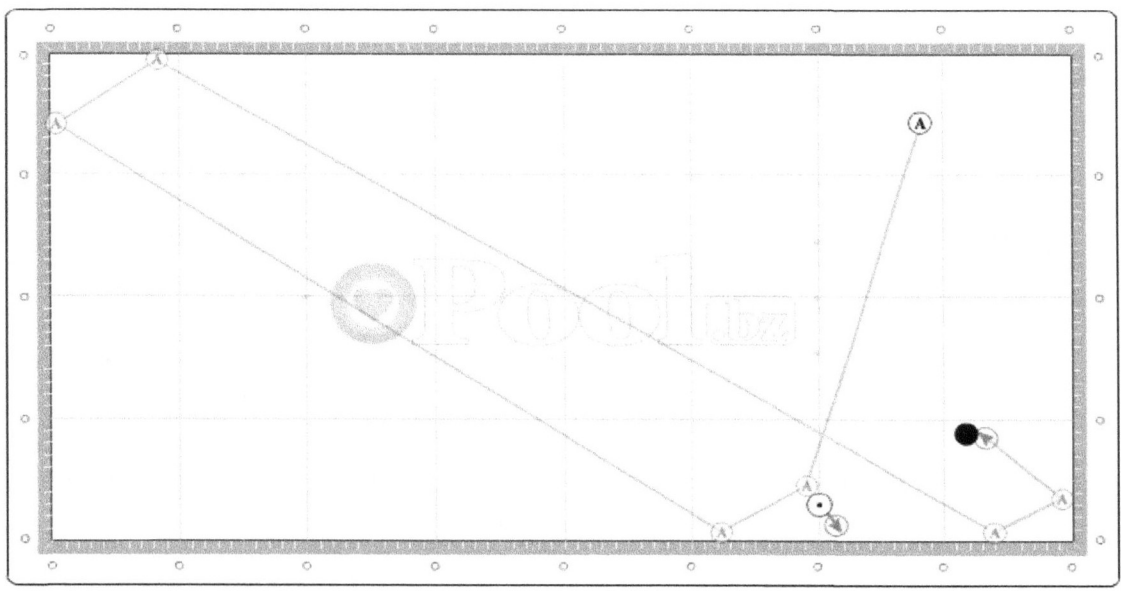

E:6d – Setup

Noter og ideer:

Afspilning mønster

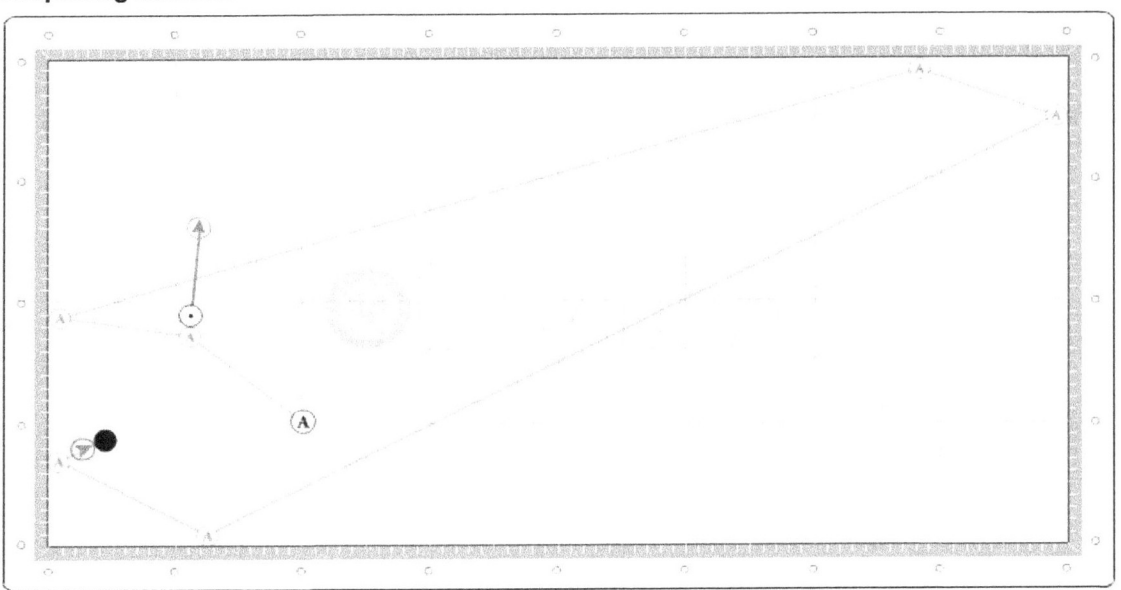

F: Tredobbelt diagonaler

Den (CB) kommer ud af den første (OB) og går så ind i diagonalmønsteret. Disse er interessante løsninger, fordi (CB) bevæger sig op og ned på bordet tre gange.

Ⓐ (CB) (din billardkugle) – ⊙ (OB) (modstander billardkugle) – ● (OB) (rød billardkugle)

F: Gruppe 1

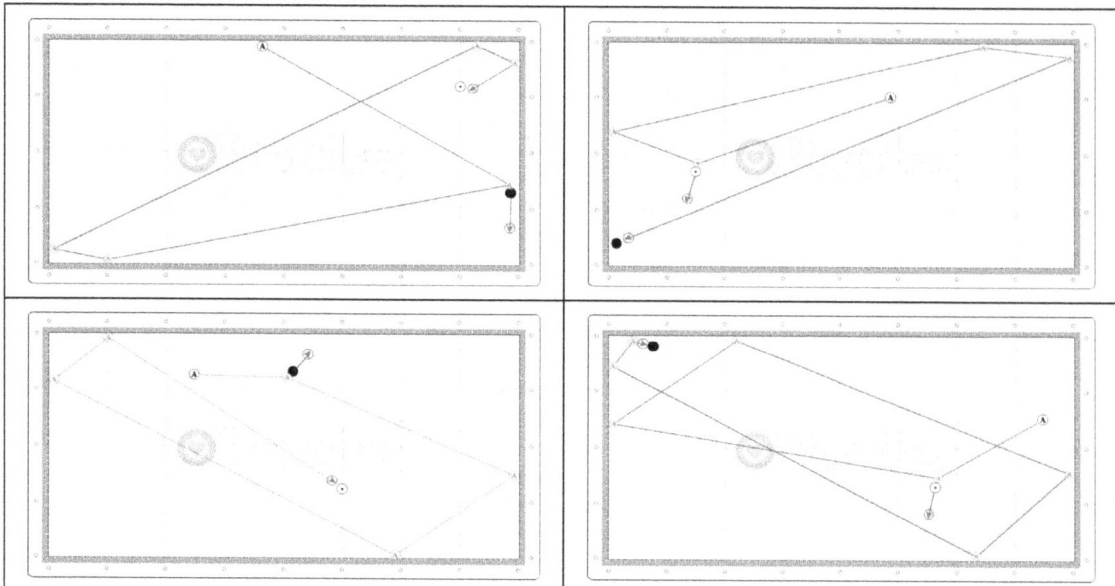

Analyse:

F:1a. _____

F:1b. _____

F:1c. _____

F:1d. _____

3-bande carambole: Hjørne til hjørne diagonale mønstre

F:1a – Setup

Noter og ideer:

Afspilning mønster

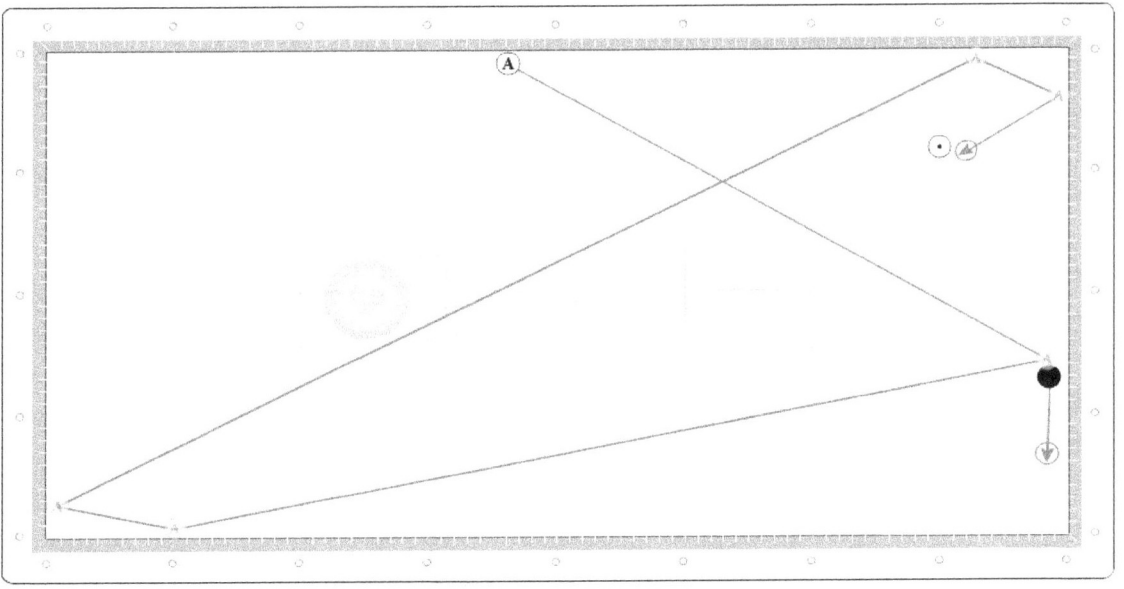

F:1b – Setup

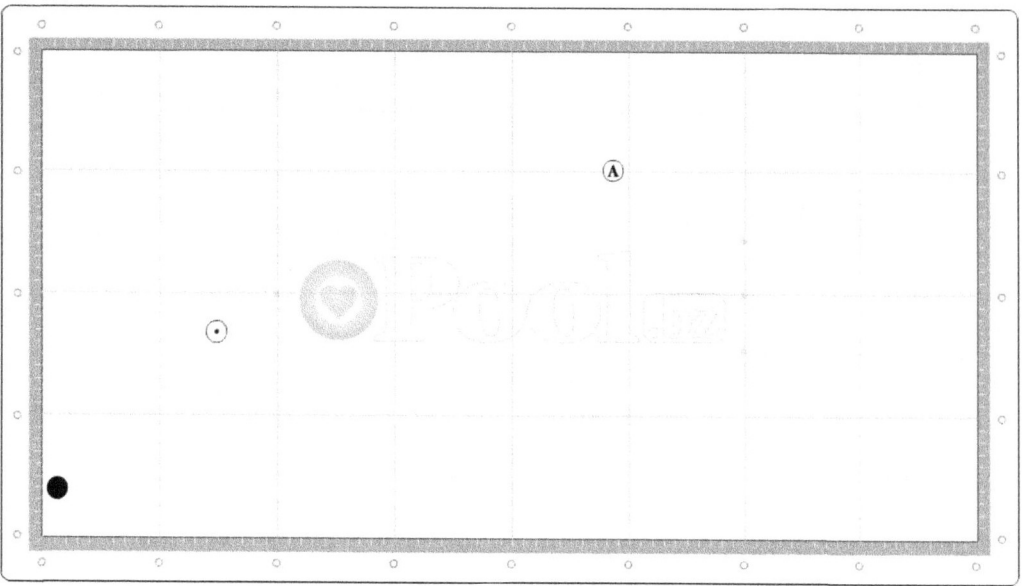

Noter og ideer:

Afspilning mønster

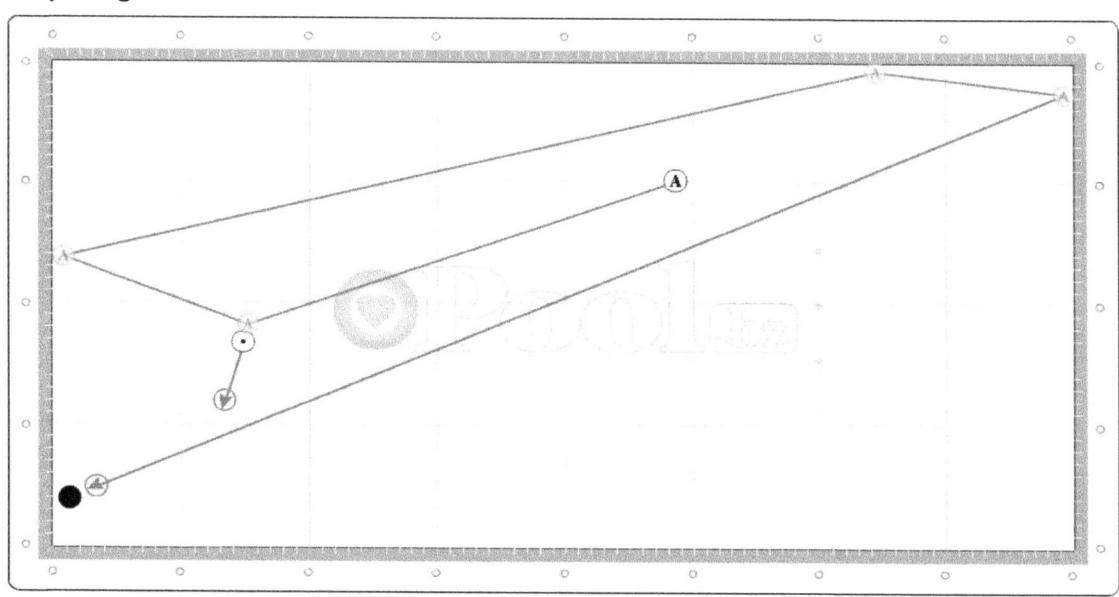

F:1c – Setup

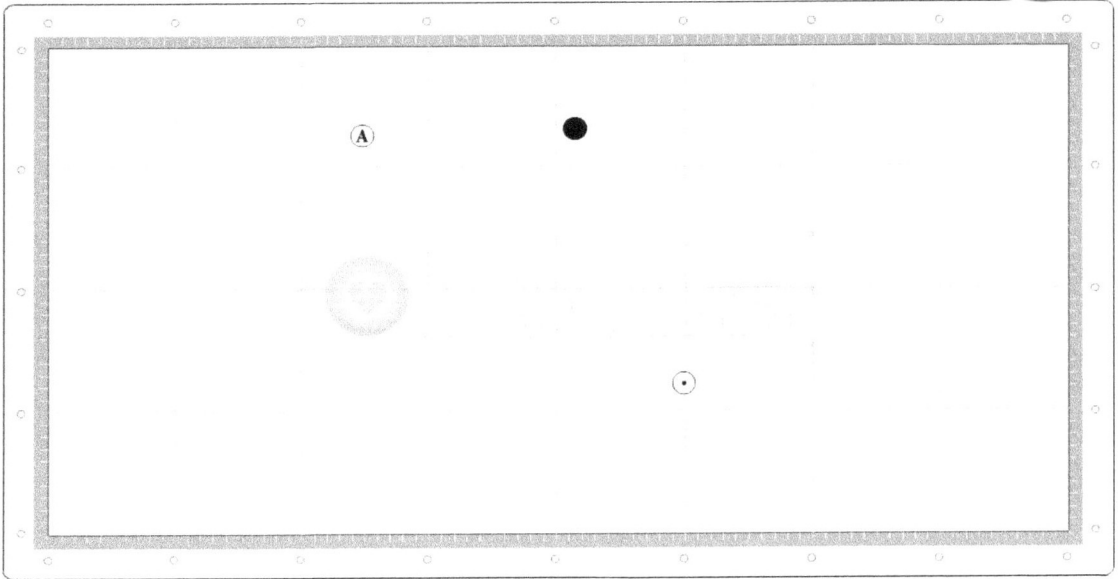

Noter og ideer:

Afspilning mønster

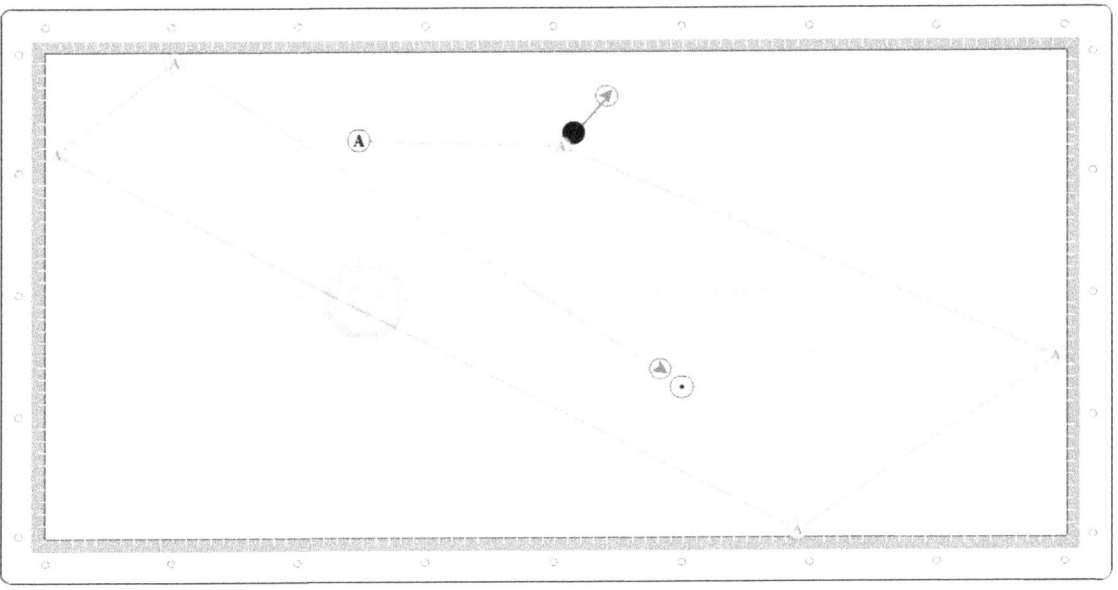

F:1d – Setup

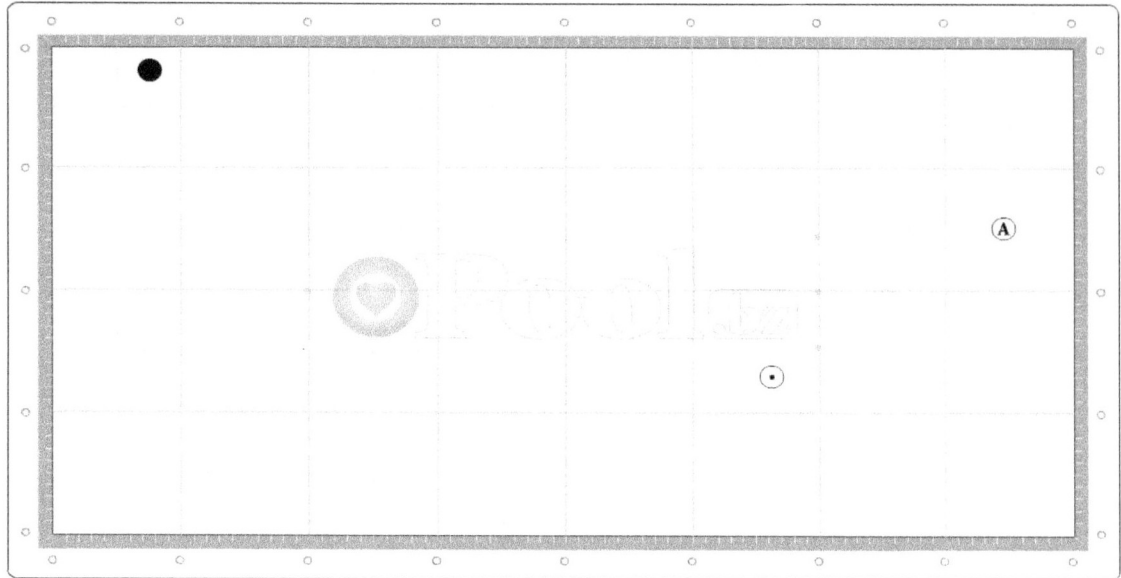

Noter og ideer:

Afspilning mønster

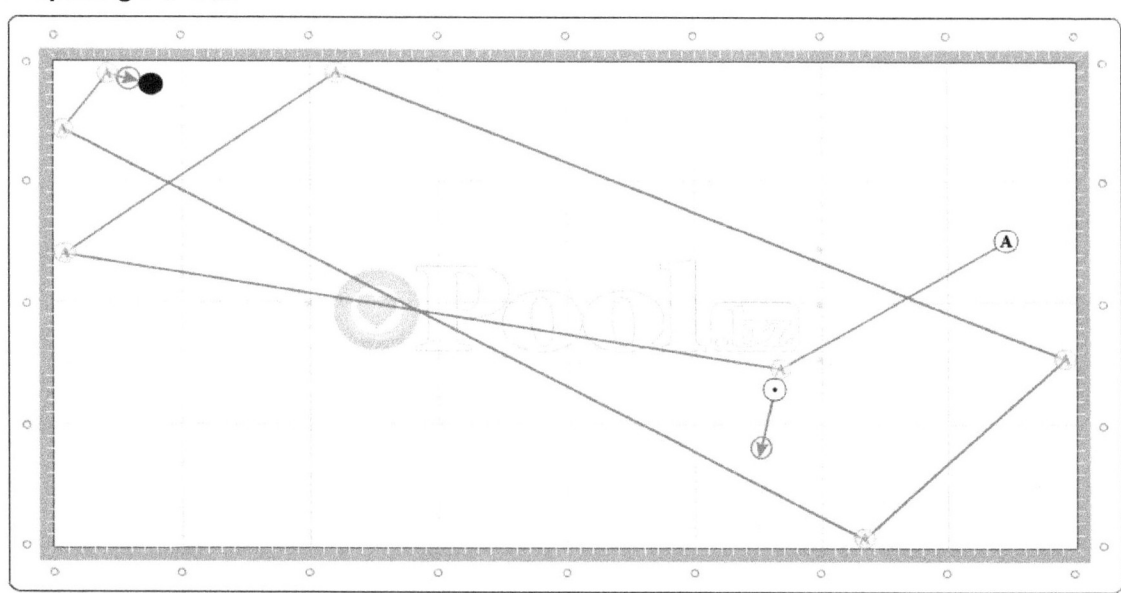

F: Gruppe 2

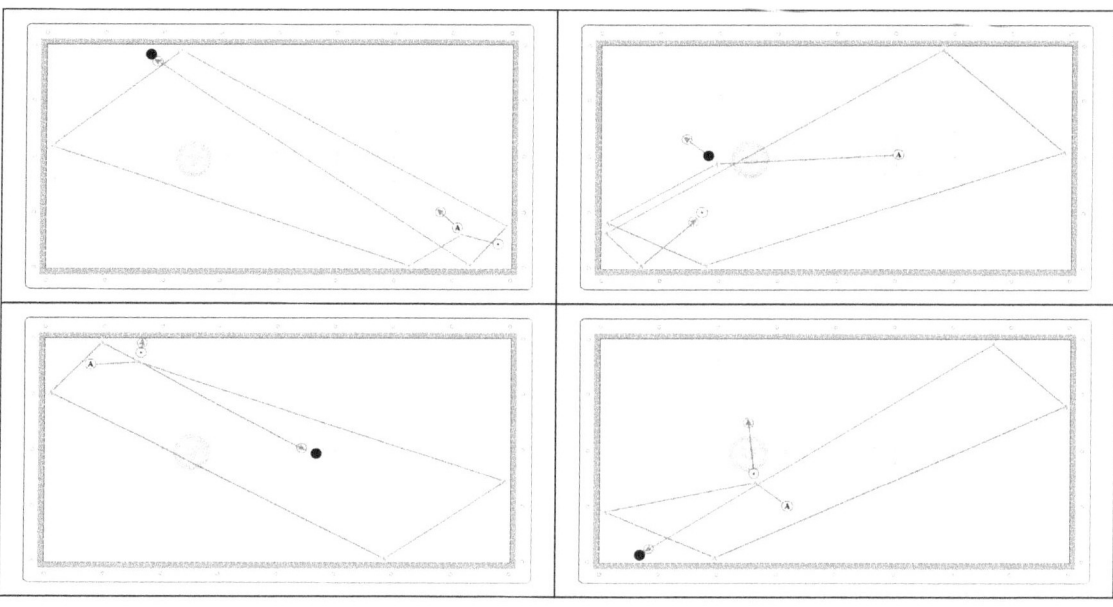

Analyse:

F:2a. _____

F:2b. _____

F:2c. _____

F:2d. _____

F:2a – Setup

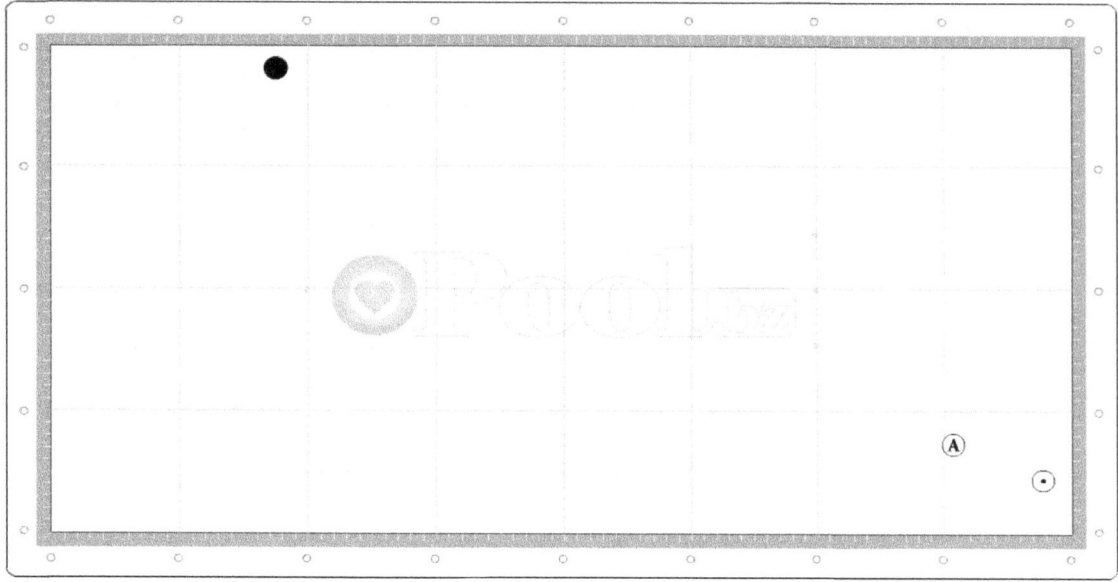

Noter og ideer:

Afspilning mønster

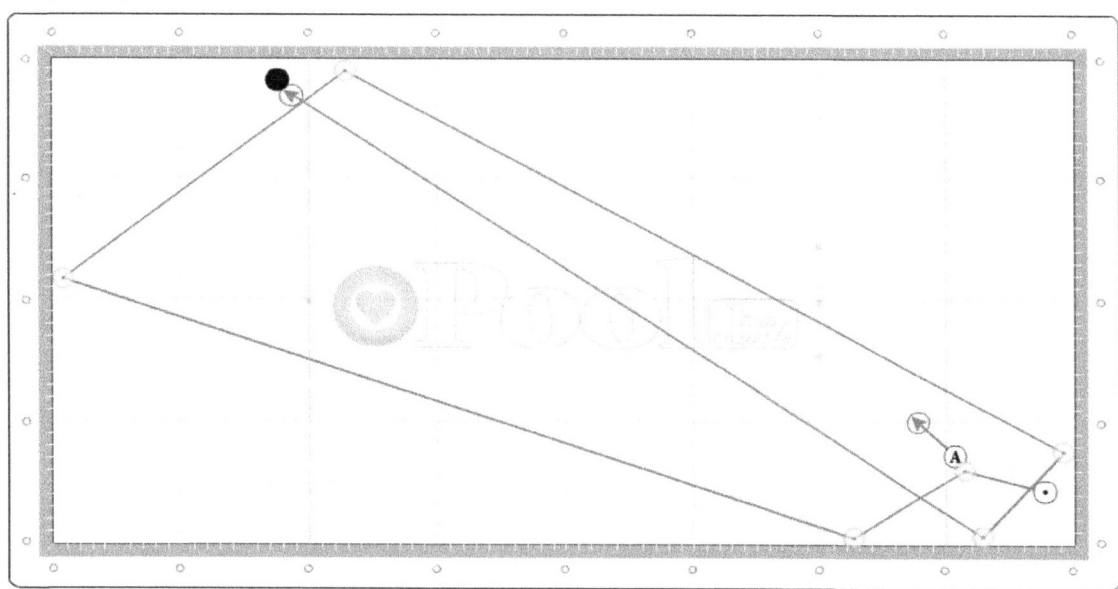

F:2b – Setup

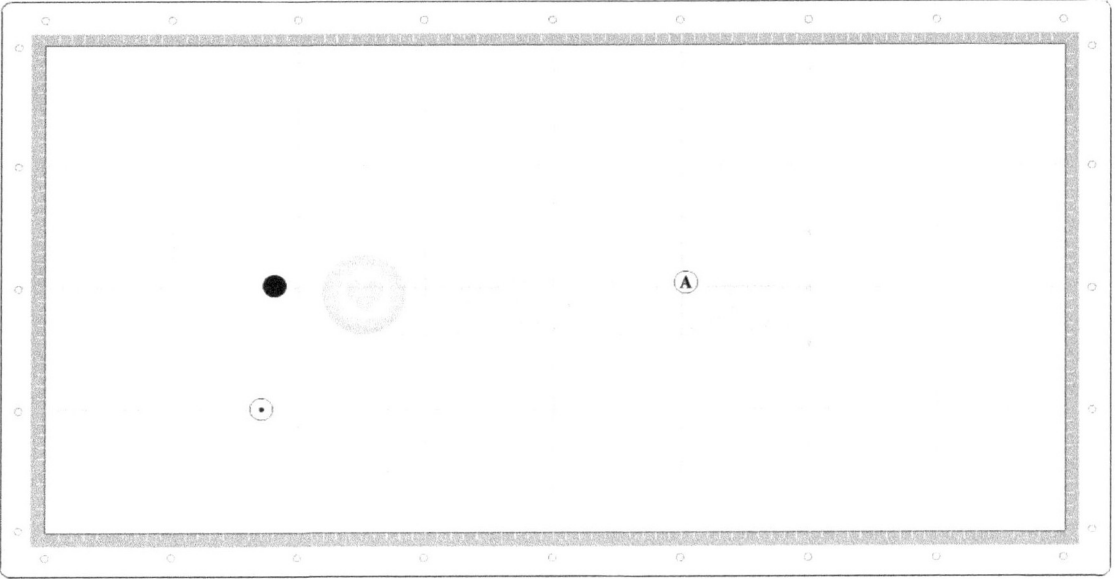

Noter og ideer:

Afspilning mønster

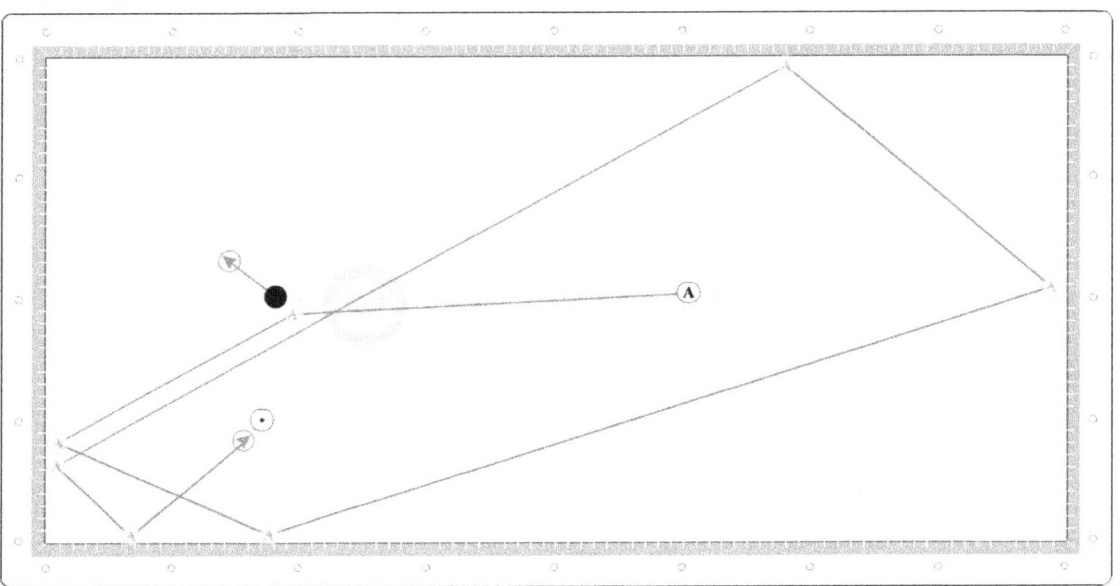

F:2c – Setup

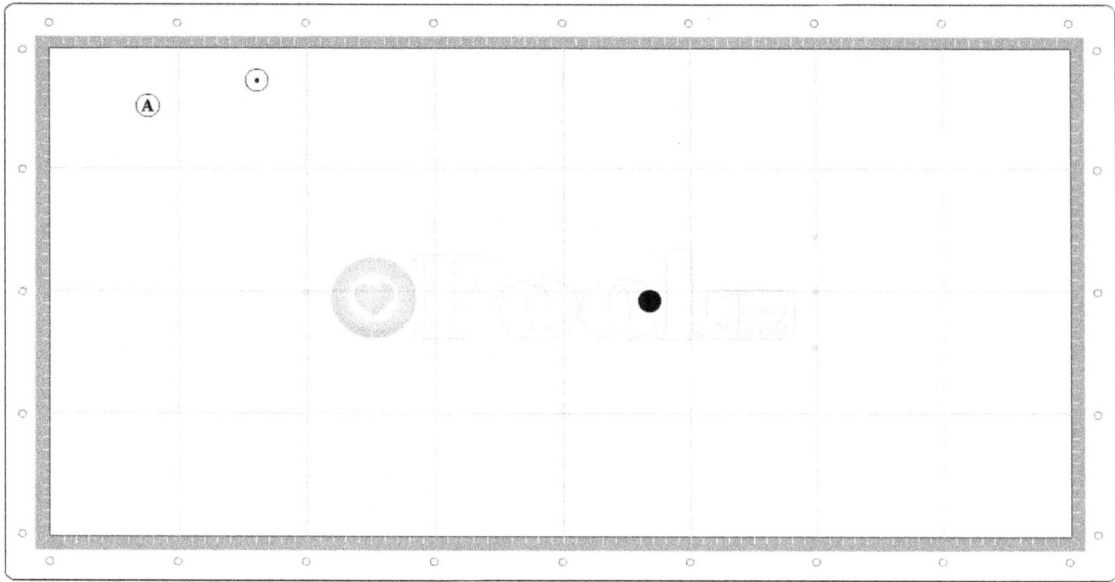

Noter og ideer:

Afspilning mønster

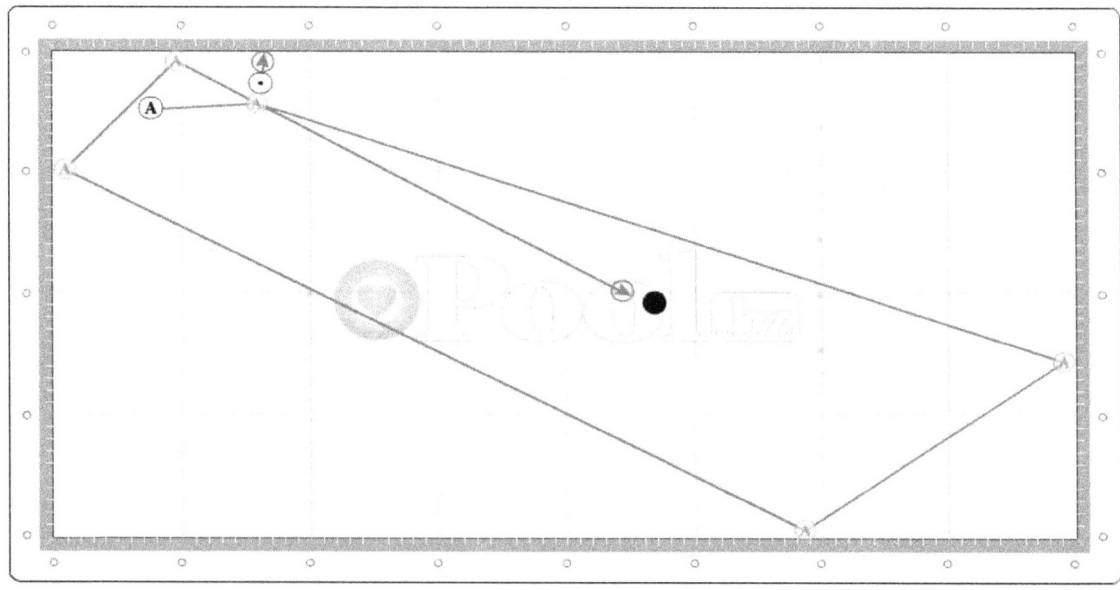

F:2d – Setup

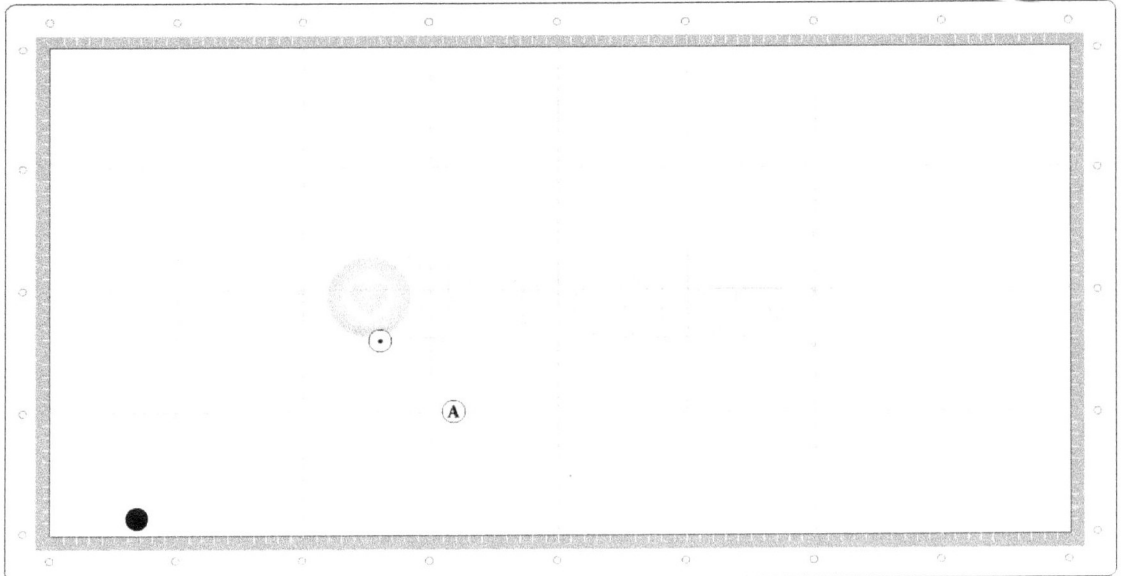

Noter og ideer:

Afspilning mønster

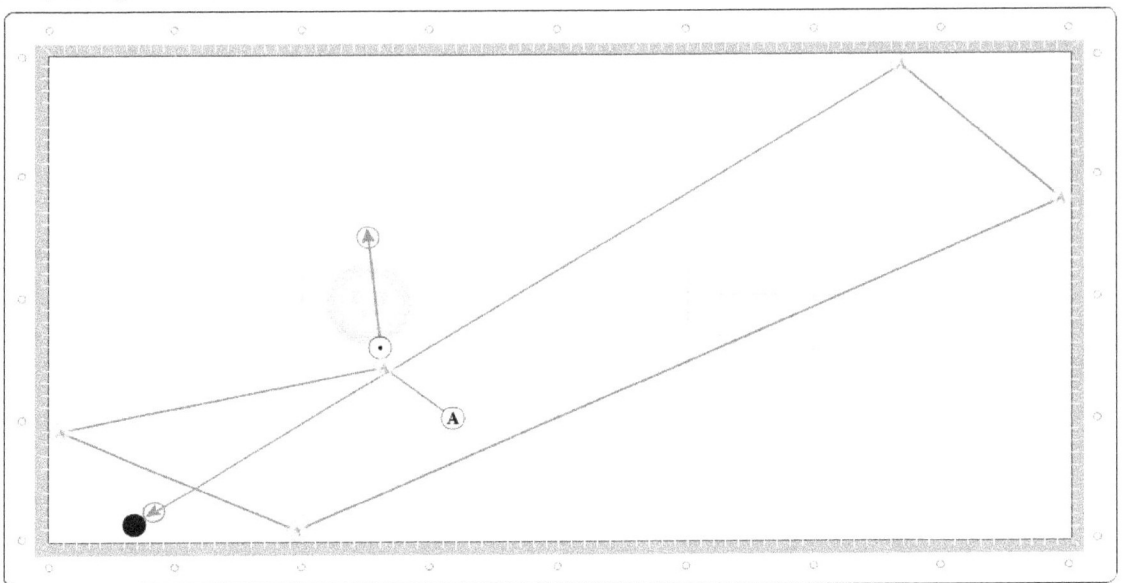

F: Gruppe 3

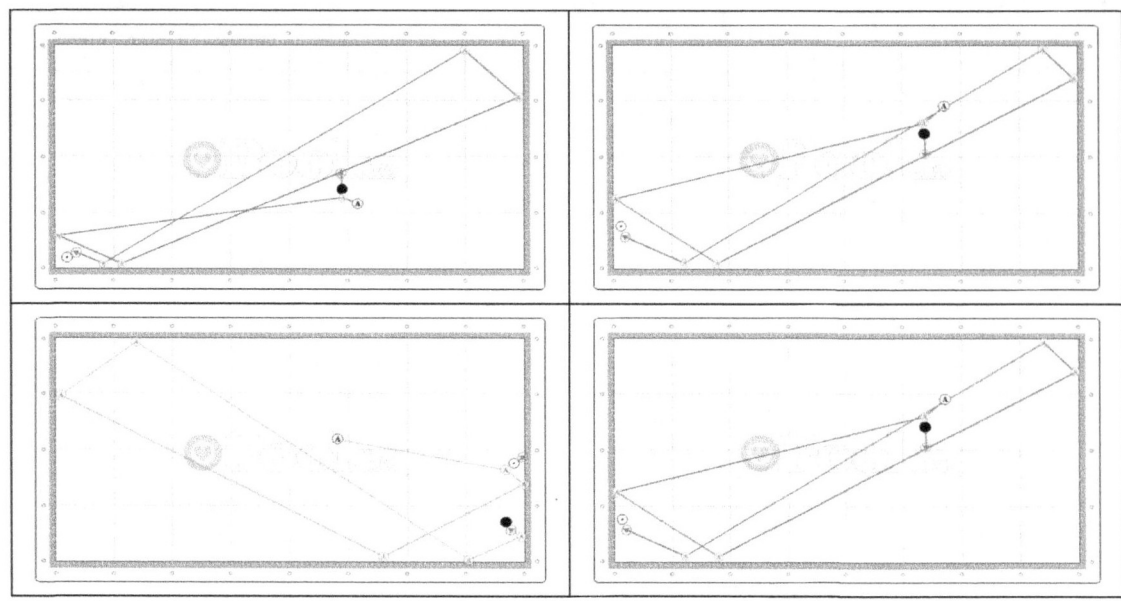

Analyse:

F:3a. _____

F:3b. _____

F:3c. _____

F:3d. _____

f:3a – Setup

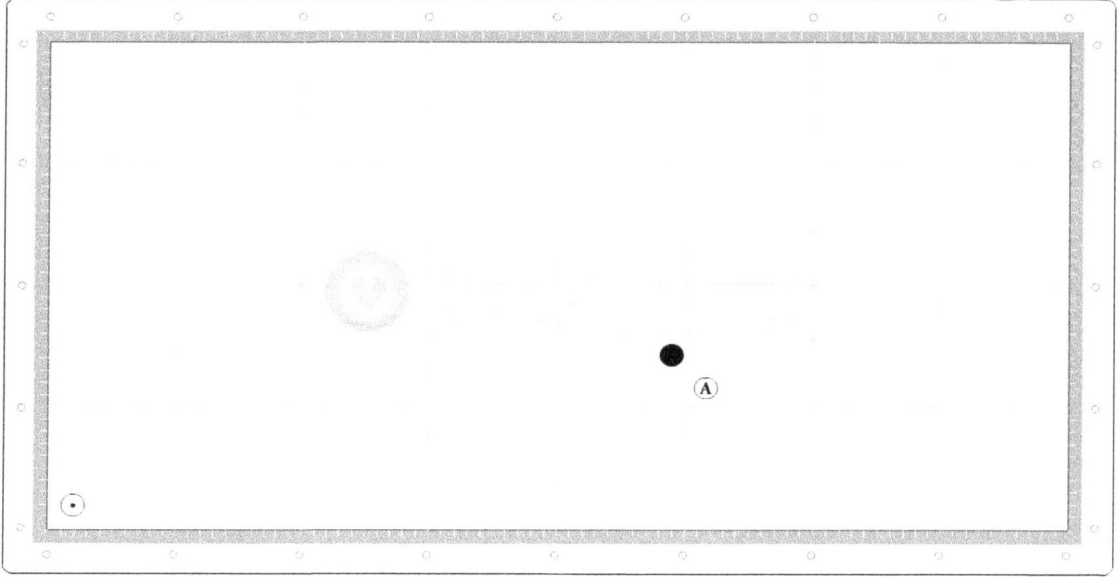

Noter og ideer:

Afspilning mønster

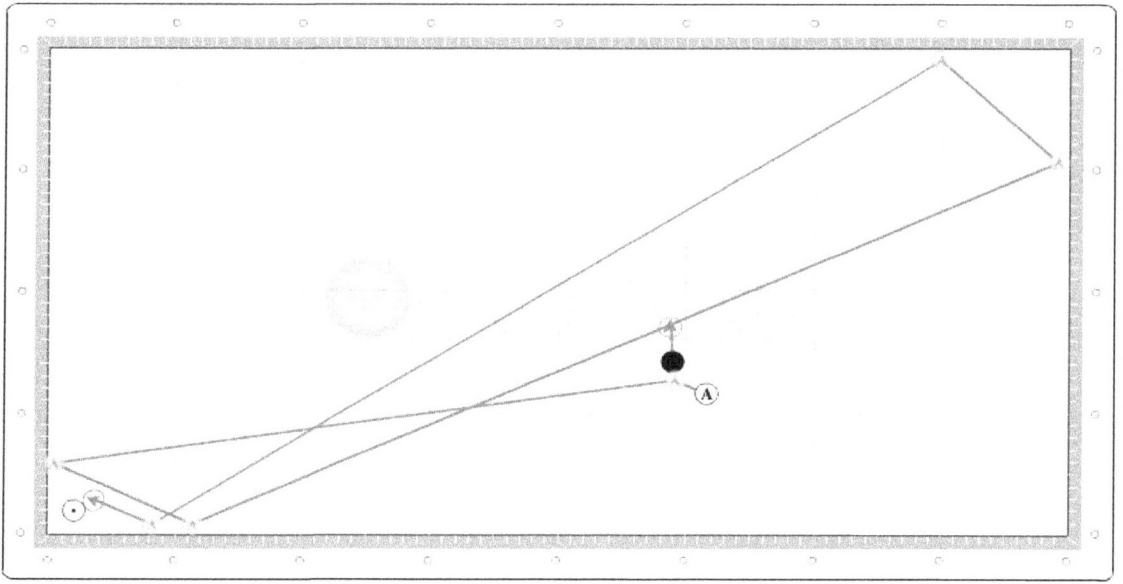

F31b – Setup

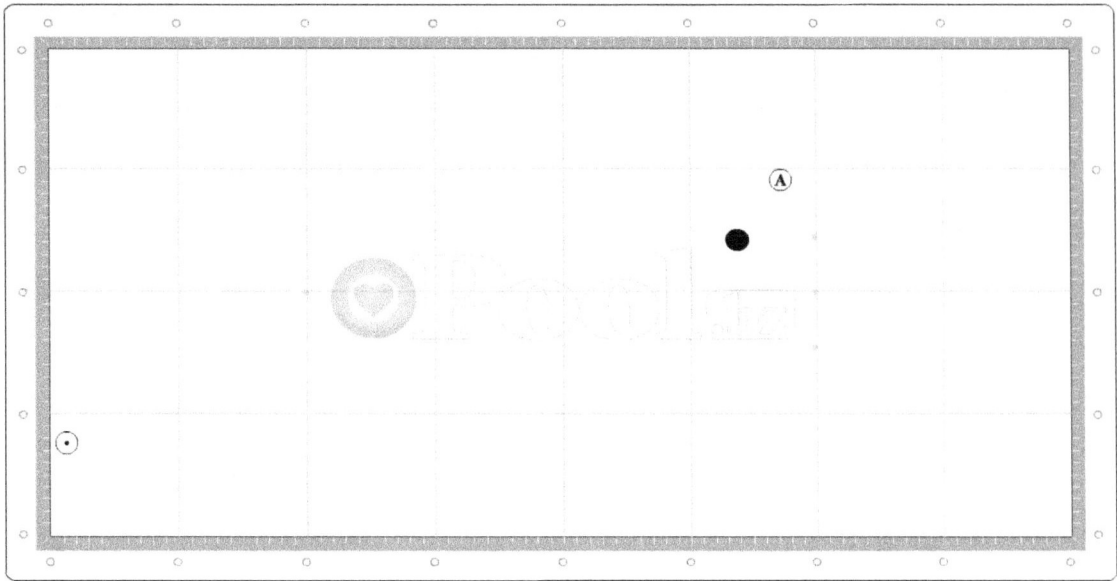

Noter og ideer:

Afspilning mønster

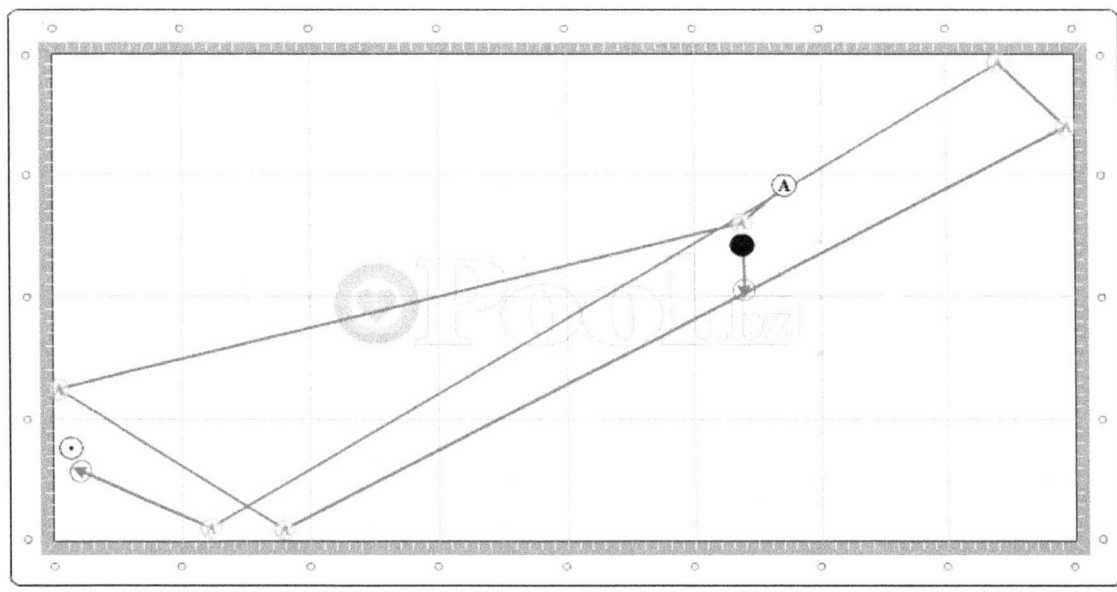

F:3c – Setup

Noter og ideer:

Afspilning mønster

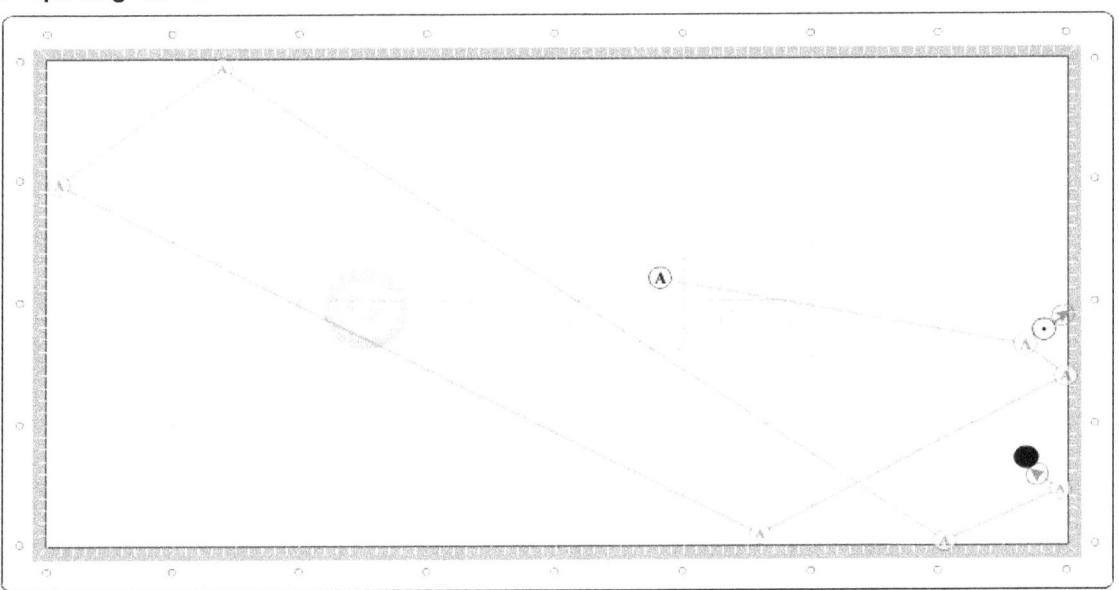

3-bande carambole: Hjørne til hjørne diagonale mønstre

F:3d – Setup

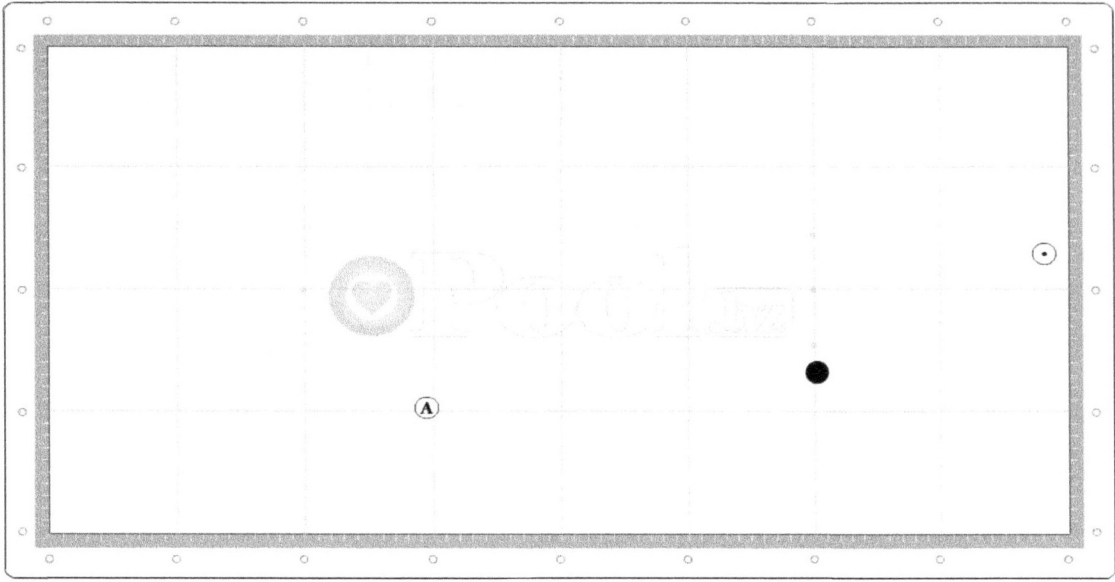

Noter og ideer:

Afspilning mønster

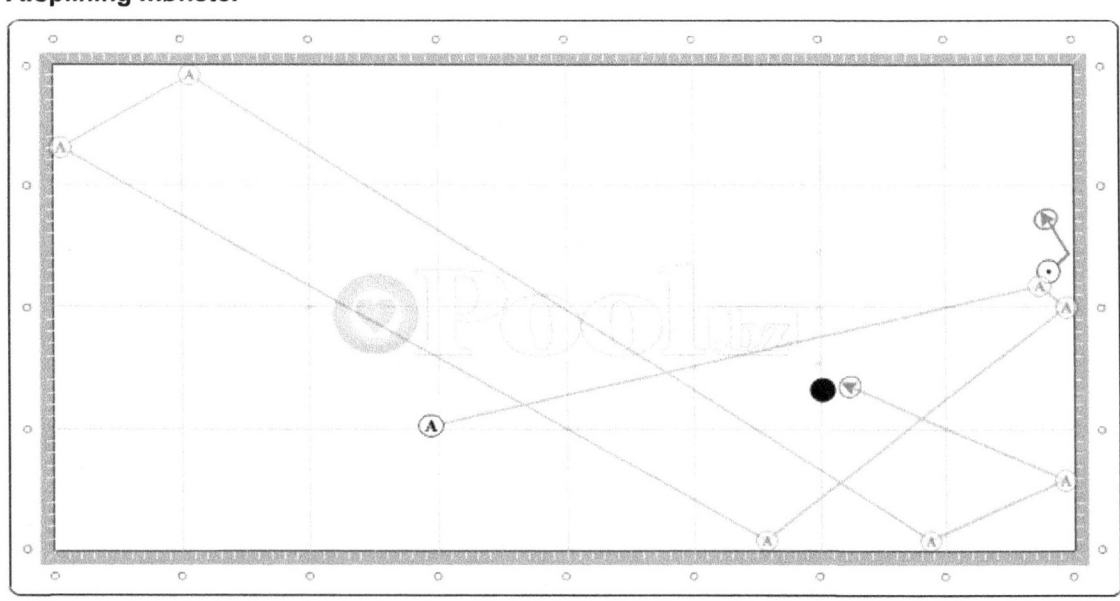

www.ingramcontent.com/pod-product-compliance
Lightning Source LLC
Chambersburg PA
CBHW080345190426
43201CB00045B/2208